いちばんわかる
原付免許
1回でゲット！

自動車教習研究会 編

いちばんわかる 原付免許1回でゲット！

CONTENTS

試験に出る！交通ルール

用語・信号・標識・標示

試験に出る重要交通用語 ─── 6
信号機の信号の種類と意味 ─── 8
警察官などの信号の種類と意味 ─── 10
標識の種類と意味 ─── 12
標示の種類と意味 ─── 14
丸暗記したい頻出問題20 ─── 16

運転前に確認すること

運転前の注意事項 ─── 18
免許の種類と意味 ─── 20
原動機付自転車の点検内容 ─── 22
乗車・積載のルールと運転姿勢 ─── 24
安全運転の知識 ─── 26
丸暗記したい頻出問題20 ─── 28

通行方法・優先・歩行者の保護

車の通行するところ ─── 30
車が通行してはいけないところ ─── 32
緊急自動車・路線バスなどの優先 ─── 34
歩行者などのそばを通行するとき ─── 36
子ども、高齢者などを保護する ─── 38
丸暗記したい頻出問題20 ─── 40

速度・合図・進路変更

最高速度と徐行の速度、徐行が必要な場所 ─── 42
停止距離と車間距離、ブレーキのかけ方 ─── 44
合図の時期と方法、警音器の使用法 ─── 46
進路変更、横断・転回が禁止されているとき ─── 48
丸暗記したい頻出問題20 ─── 50

追い越し・交差点・駐停車

追い越しの方法と禁止されている場合	52
追い越しが禁止されている場所	54
交差点の通行と右左折の方法	56
交差点での注意事項と優先関係	58
駐車・停車の意味と駐車が禁止されている場所	60
駐車も停車も禁止されている場所	62
駐車余地と駐停車の方法	64
丸暗記したい頻出問題20	66

危険な場所・場合の運転

踏切の通行方法	68
坂道・カーブの通行方法	70
夜間の運転と灯火のルール	72
悪天候時の運転	74
緊急事態が発生したとき	76
交通事故、大地震が起きたとき	78
丸暗記したい頻出問題20	80

絶対に覚えたい！重要数字26 ―― 82

試験に出る！原付免許模擬テスト

【文章問題の解き方】
ここがポイント ―― 84
【イラスト問題の解き方】
ここがポイント ―― 85
原付免許模擬テスト1回目 1問1答48題 ―― 86
原付免許模擬テスト2回目 1問1答48題 ―― 94
原付免許模擬テスト3回目 1問1答48題 ―― 102
原付免許模擬テスト4回目 1問1答48題 ―― 108
原付免許模擬テスト5回目 1問1答48題 ―― 114
原付免許模擬テスト6回目 1問1答48題 ―― 120

原付免許受験ガイド ―― 126
解答用紙 ―― 127

本書の活用法

項目別に6つに分類された交通ルールを勉強し、頻出問題を丸暗記。自信がついたら、6回の模擬テストにチャレンジ。効率よく勉強して合格を目指そう。

1 ポイント解説で交通ルールを覚える！

- 試験に出る交通ルールを6つに色分け。
- イラストと解説をセットで丸暗記。 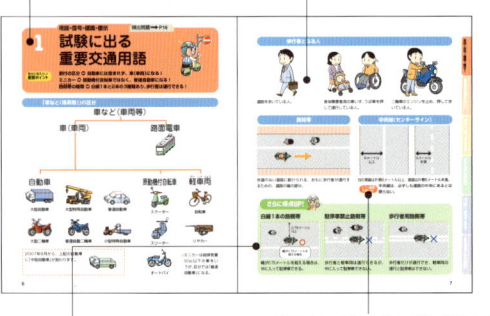
- 項目別の捕足解説。これさえできれば万全。
- 例外など、合否を分けるポイントをチェックしよう。

2 頻出問題を丸暗記！

- 項目ごとによく出る20問を掲載。
- わからない問題はヒントを参考に。 
- ○×を照合し、まちがえた問題はリンクページで再確認。

3 ヒント付きの問題で苦手な部分をチェック！

- ヒント付きのテストを2回分収録。ヒントを隠しても使える。 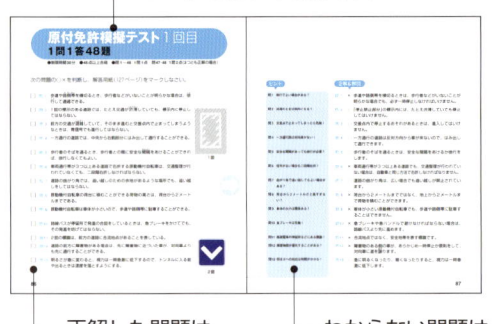
- 正解した問題はここをチェック。
- わからない問題はヒントを参考に○×を判断。

4 本試験と同じ形で実力判定！

- 本試験形式のテストを4回分収録。50点満点を目指そう。 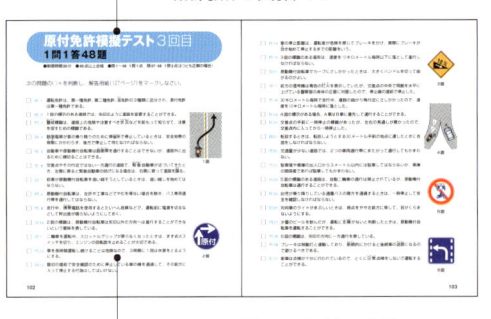
- 問題をよく読み、解答用紙（127ページ）の○×をマークしよう。

試験に出る！
交通ルール

1 試験に出る重要交通用語

用語・信号・標識・標示　頻出問題 ▶ P16

絶対に覚えたい！重要ポイント

- 原付の区分 ⇨ 自動車には含まれず、車（車両）になる！
- ミニカー ⇨ 原動機付自転車ではなく、普通自動車になる！
- 路側帯の種類 ⇨ 白線1本と2本の3種類あり、歩行者は通行できる！

「車など（車両等）」の区分

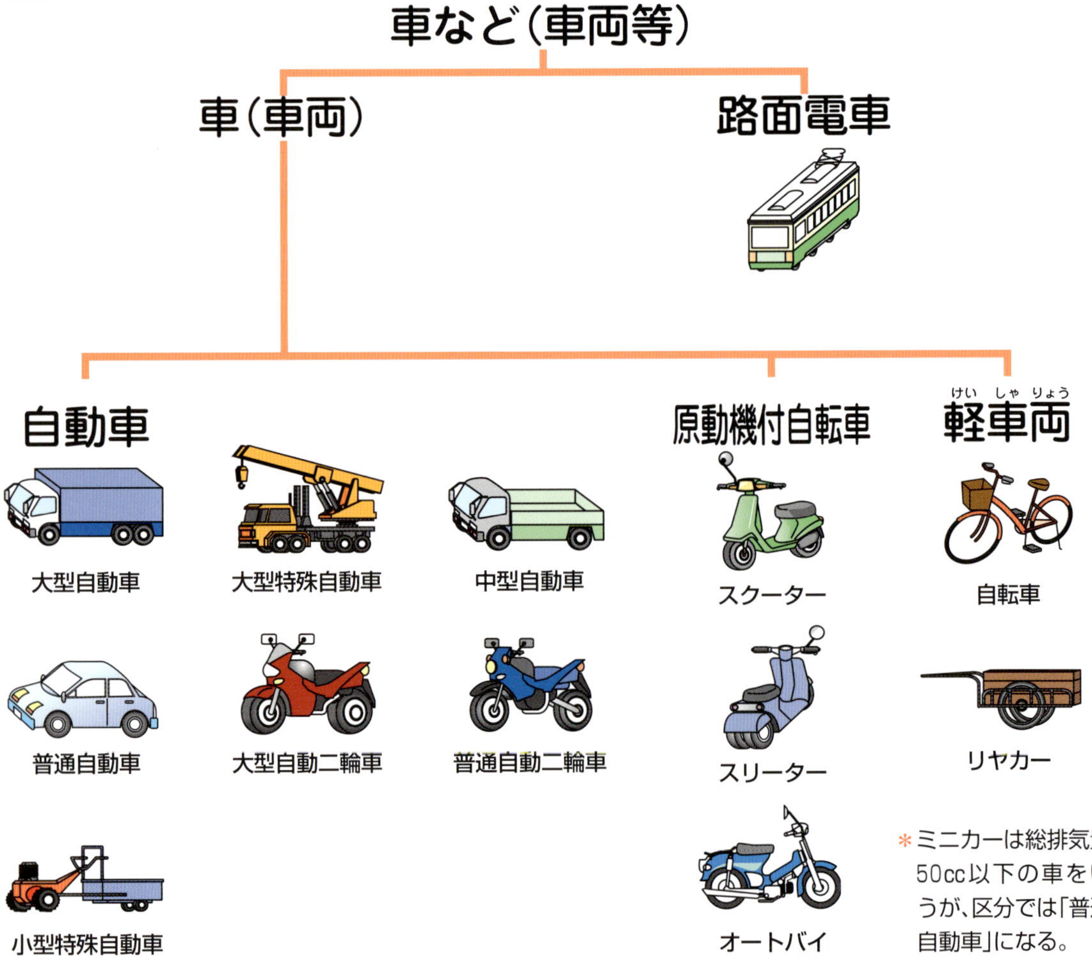

車など（車両等）
├ 車（車両）
│　├ 自動車
│　│　├ 大型自動車
│　│　├ 大型特殊自動車
│　│　├ 中型自動車
│　│　├ 普通自動車
│　│　├ 大型自動二輪車
│　│　├ 普通自動二輪車
│　│　└ 小型特殊自動車
│　├ 原動機付自転車
│　│　├ スクーター
│　│　├ スリーター
│　│　└ オートバイ
│　└ 軽車両
│　　　├ 自転車
│　　　└ リヤカー
└ 路面電車

＊ミニカーは総排気量50cc以下の車をいうが、区分では「普通自動車」になる。

歩行者となる人

道路を歩いている人。

身体障害者用の車いす、うば車を押して通行している人。

二輪車のエンジンを止め、押して歩いている人。

路側帯

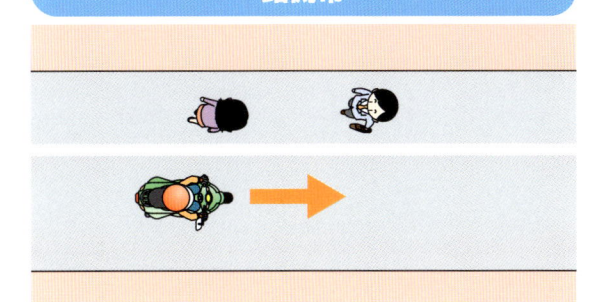

歩道のない道路に設けられる、おもに歩行者が通行するための、道路の端の部分。

中央線（センターライン）

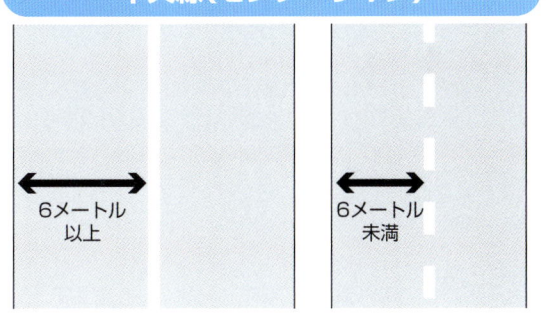

6メートル以上

6メートル未満

白の実線は片側6メートル以上、破線は片側6メートル未満。

ここが合否を分ける! 中央線は、必ずしも道路の中央にあるとは限らない。

さらに得点UP!

白線1本の路側帯

0.75メートル以上

幅が0.75メートルを超える場合

幅が0.75メートルを超える場合は、中に入って駐停車できる。

駐停車禁止路側帯

歩行者と軽車両は通行できるが、中に入って駐停車できない。

歩行者用路側帯

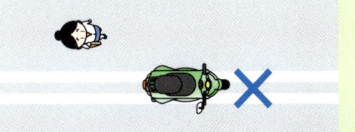

歩行者だけが通行でき、軽車両の通行と駐停車はできない。

2 信号機の信号の種類と意味

用語・信号・標識・標示　　頻出問題 ⇒ P16

絶対に覚えたい！重要ポイント
- 青色の灯火 ➡ 二段階右折の原付は直進までしかできない！
- 青色の矢印 ➡ 二段階右折の原付は進めない！
- 黄色の点滅 ➡ 徐行や一時停止の必要はない！

青色の灯火信号

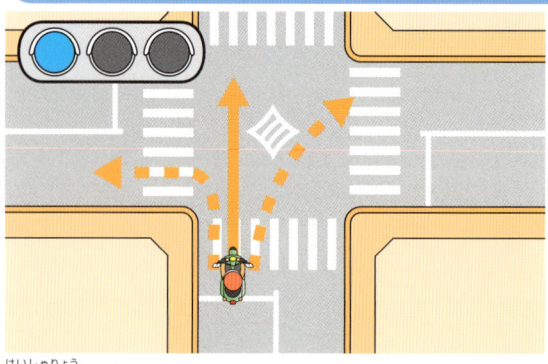

軽車両を除く車や路面電車は、直進・左折・右折ができる。軽車両は、直進・左折ができる。

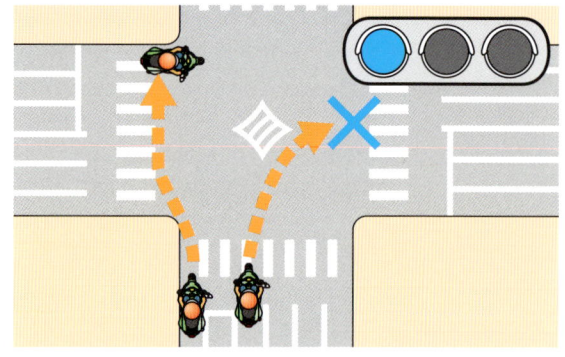

右折の場合、軽車両と二段階右折の原動機付自転車は、交差点を直進することまでできる。

黄色の灯火信号

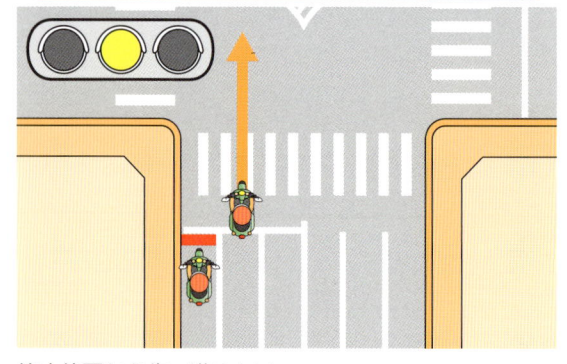

停止位置から先へ進めない。
ここが合否を分ける! 停止位置で安全に停止できない場合は、そのまま進める。

赤色の灯火信号

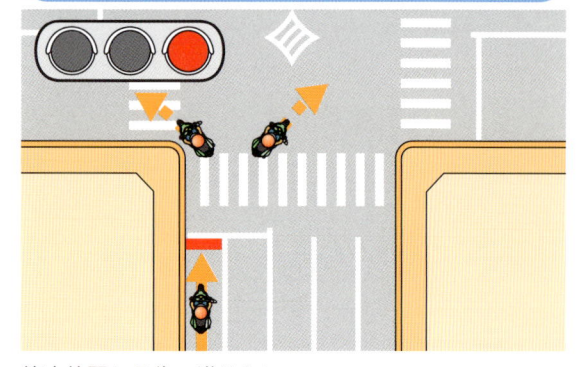

停止位置から先へ進めない。
ここが合否を分ける! すでに右・左折している車は、そのまま進める。

青色の矢印信号

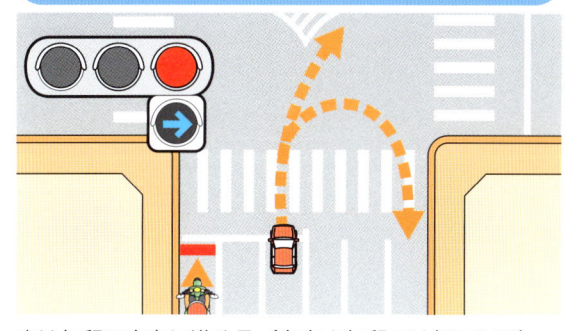

車は矢印の方向に進める（右向き矢印では転回も可）。

ここが合否を分ける！ 右向き矢印の場合、軽車両と二段階右折の原動機付自転車は進めない。

黄色の矢印信号

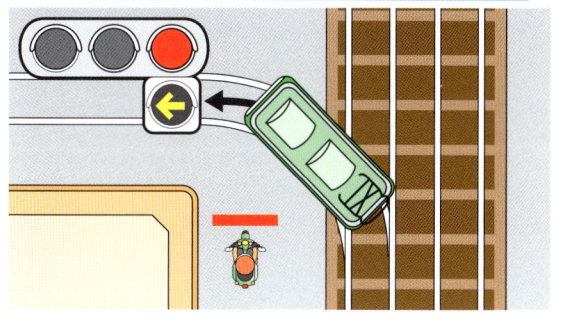

路面電車だけ、矢印の方向に進める。

黄色の点滅信号

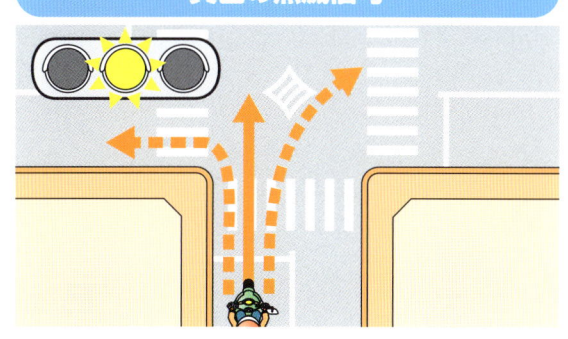

他の交通に注意して進める。

赤色の点滅信号

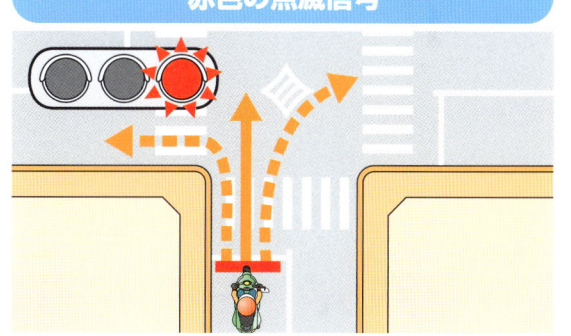

停止位置で一時停止し、安全確認をしてから進める。

さらに得点UP！

「左折可」の標示板あり

信号が赤や黄でも、まわりの交通に注意しながら左折できる。

「停止位置」とはどこ？

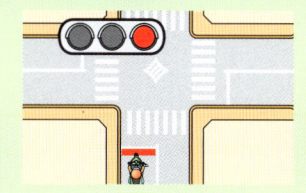

停止線があれば停止線。

〈停止線がない場合〉

横断歩道等があれば横断歩道等の直前。

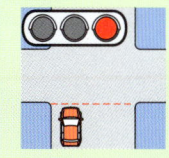

交差点では交差点の直前。

交差点以外で信号機があれば信号機の直前。

3 警察官などの信号の種類と意味

用語・信号・標識・標示　頻出問題 ➡ P16

絶対に覚えたい！重要ポイント

身体に対面する交通 ⇨ すべて赤色の灯火信号と同じ意味！
腕や灯火を頭上に上げる ⇨ 平行する交通は黄色の灯火信号と同じ意味！
信号機と手信号などが異なる ⇨ 警察官の手信号などに従うこと！

腕を水平に上げているとき

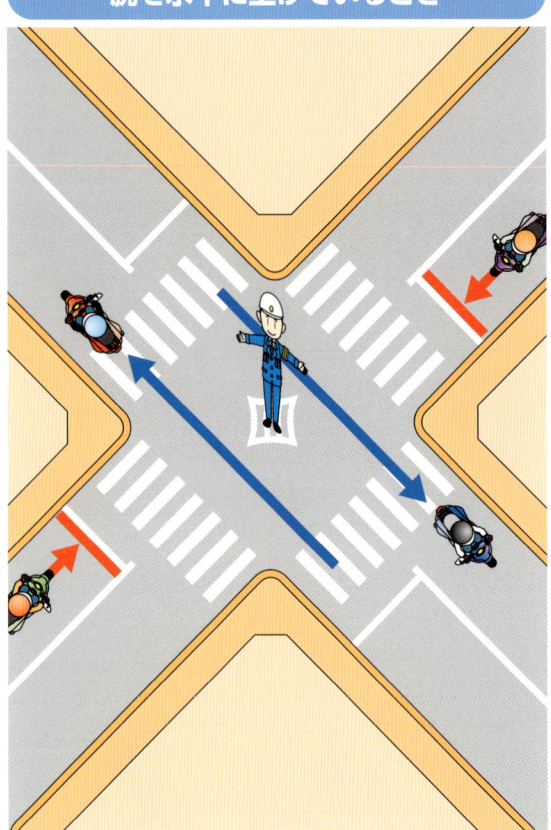

身体の正面（背面）に平行する交通（➡）は、青色の灯火信号と同じ意味。
身体の正面（背面）に対面する交通（➡）は、赤色の灯火信号と同じ意味。

腕を頭上に上げているとき

身体の正面（背面）に平行する交通（➡）は、黄色の灯火信号と同じ意味。
身体の正面（背面）に対面する交通（➡）は、赤色の灯火信号と同じ意味。

灯火を横に振っているとき

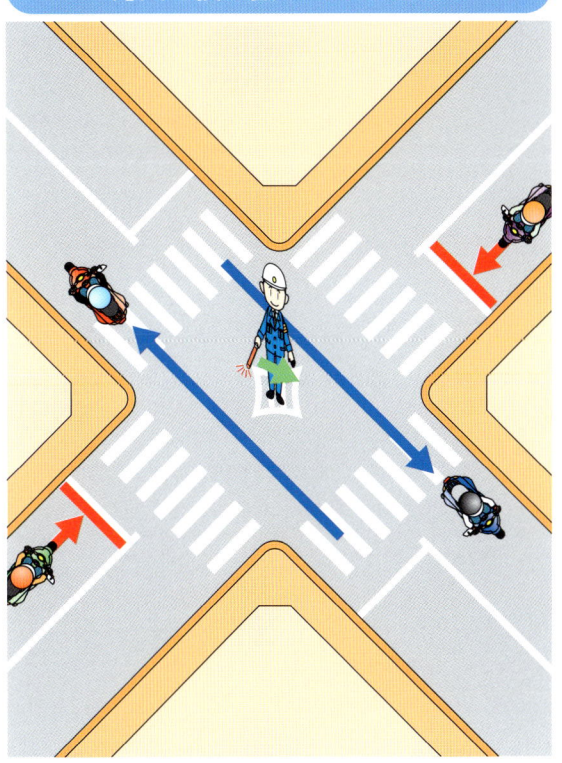

身体の正面(背面)に平行する交通(➡)は、青色の灯火信号と同じ意味。
身体の正面(背面)に対面する交通(➡)は、赤色の灯火信号と同じ意味。

灯火を頭上に上げているとき

身体の正面(背面)に平行する交通(➡)は、黄色の灯火信号と同じ意味。
身体の正面(背面)に対面する交通(➡)は、赤色の灯火信号と同じ意味。

さらに得点UP!

信号機と手信号などが異なるとき

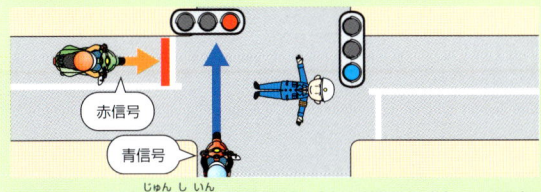

赤信号
青信号

警察官や交通巡視員の手信号・灯火信号に従って通行する。

手信号などをしているときの停止位置

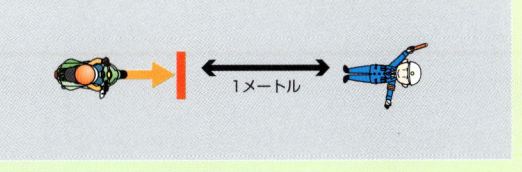

1メートル

交差点以外で、横断歩道や踏切などがないところでは、警察官の1メートル手前。

用語・信号・標識・標示
頻出問題 ⟶ P16

4 標識の種類と意味

絶対に覚えたい！重要ポイント

本標識の種類 ⇨ 規制、指示、警戒、案内の4種類がある！
警戒標識 ⇨ すべて黄色のひし形で表示される！
緑色の案内標識 ⇨ 高速道路に関係するもの！

標識の種類

標識
- **本標識**
  規制標識・指示標識・警戒標識・案内標識の4種類。
- **補助標識**

おもな規制標識

特定の交通方法を禁止したり、特定の方法に従って通行するよう指定したりするもの。

通行止め	二輪の自動車・原動機付自転車通行止め	駐停車禁止	歩行者専用
車、歩行者、路面電車のすべてが通行できない。	自動二輪車、原動機付自転車は通行できない。	8～20時は、駐車も停車もすることができない。	歩行者と指定された車以外は通行できない。

原動機付自転車の右折方法（二段階）	進行方向別通行区分	徐行	一時停止
原動機付自転車は、二段階右折をしなければならない。	車は矢印の方向以外は進行できない。	車はすぐに止まれる速度で進行しなければならない。	車は一時停止してから進行しなければならない。

おもな指示標識

特定の方法ができることや、道路交通上決められた場所などを指示するもの。

優先道路 
この標識のある道路が優先道路であることを表す。

横断歩道 
横断歩道であることを表す。

おもな警戒標識

道路上の危険や注意すべき状況などを、前もって運転者などに知らせて注意を促すもので、すべて黄色で表示される。

学校、幼稚園、保育所などあり 
学校、幼稚園、保育所などがあることを表す。

幅員減少 
道路の幅が狭くなることを表す。

おもな案内標識

地点の名称、方面、距離などを示して、通行の便宜をはかろうとするもので、一般道路は青色、高速道路は緑色で表示される。

方面と方向の予告 
方面と方向の予告を表す。

待避所
待避所があることを表す。

おもな補助標識

本標識の意味を補足するために取りつけられるもの。

始まり 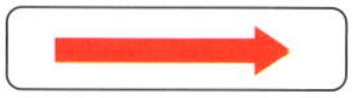
終わり  
車両の種類　大 貨
原付を除く

さらに得点UP!

「追越し禁止」の補助標識あり

追越し禁止 
追越しのための右側部分はみ出し通行禁止

「追越し禁止」の補助標識がつくと、道路の右側にはみ出す、はみ出さないに関係なく追い越し禁止。

「区間内」の補助標識あり

警笛鳴らせ 
警笛区間

「区間内」の補助標識がつくと、区間内の指定された場所では、警音器を鳴らさなければならない。

5 標示の種類と意味

用語・信号・標識・標示　頻出問題 ▸ P16

絶対に覚えたい！ 重要ポイント

標示の意味 ➡ 路面に白線などで示された線や記号、文字！
標示の種類 ➡ 規制標示と指示標示の2種類！
白線と黄線の意味 ➡ 黄色のほうが白色より規制の意味が強い！

標示の種類

標示（ペイントや道路びょうなどで路面に示された線、記号、文字のこと。）
├ 規制標示
└ 指示標示

おもな規制標示

特定の交通方法を禁止、または特定するもの。

最高速度	立入り禁止部分	停止禁止部分	終わり
 30			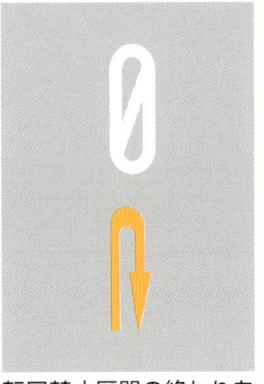 0 ↓
最高速度が30キロメートル毎時であることを表す。	標示内に立ち入ってはいけないことを表す。	標示内に停止してはいけないことを表す。	転回禁止区間の終わりを表す。

おもな指示標示

特定の交通方法ができることや、道路交通上決められた場所などを指定するもの。

右側通行
矢印のように道路の右側にはみ出して通行できることを表す。

安全地帯
路面電車の停留所など、車が立ち入ってはいけない安全地帯であることを表す。

横断歩道または自転車横断帯あり
前方に横断歩道や自転車横断帯があることを表す。

前方優先道路
前方の交差する道路が優先道路であることを表す。

追越しのための右側部分はみ出し通行禁止
Aの車線を通行する車は、Bの車線にはみ出して追い越しをしてはいけない。

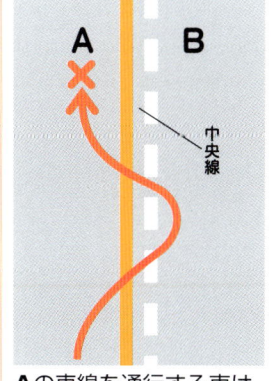

進路変更禁止
Aの車線を通行する車は、Bの車線に進路変更してはいけない。

駐停車禁止
駐車や停車をしてはいけないことを表す。

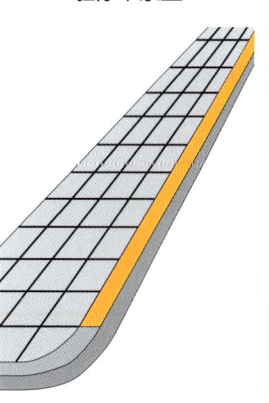

駐車禁止
駐車をしてはいけないことを表す。

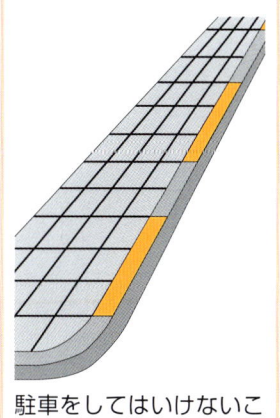

用語・信号・標識・標示
丸暗記したい頻出問題 20

- ☐ 問1　車の区分で、原動機付自転車は自動車には含まれない。
- ☐ 問2　ミニカーは総排気量50cc以下の車なので、車の区分では原動機付自転車に含まれる。
- ☐ 問3　原動機付自転車は、前方の信号が青色の灯火を表示している交差点で、どんな場合も直進・左折・右折ができる。
- ☐ 問4　交差点の直前で黄色信号に変わり、安全に停止できない場合は、そのまま進行することができる。
- ☐ 問5　青色の左向き矢印が表示されている交差点では、原動機付自転車は矢印に従って左折することができる。
- ☐ 問6　黄色の矢印信号が表示されている場合、路面電車や原動機付自転車は矢印の方向に進むことができる。
- ☐ 問7　黄色の点滅信号に対面した車は、安全を確認して徐行しながら進まなければならない。
- ☐ 問8　「左折可」の標示板がある交差点では、歩行者に優先して左折することができる。
- ☐ 問9　交差点で腕を水平に上げている警察官の身体の正面に対面したので、停止線の直前で停止した。
- ☐ 問10　交差点で腕を頭上に上げている警察官の身体の正面に平行する車は、信号機の赤色の灯火信号を意味する。
- ☐ 問11　警察官が信号機の信号と異なる手信号をしていたので、警察官の手信号に従った。
- ☐ 問12　本標識には、規制標識、指示標識、警戒標識、補助標識の4種類がある。

ヒント

- 問1　車の区分は全部で3つ！
- 問2　ミニカーは車室のある車！
- 問3　3車線以上の交差点では？
- 問4　安全に停止できない？
- 問5　左折できない場合がある？
- 問6　路面電車以外も進める？
- 問7　必ず徐行が必要？
- 問8　車が優先する場合がある？
- 問9　対面はすべて○信号！
- 問10　身体の正面に平行は水平が青信号！
- 問11　警察官が手信号している意味は？
- 問12　補助標識は本標識？

図1　図2　図3　図4　図5　図6　図7　図8

☐ 問13	図1の標識は、車、路面電車、歩行者のすべてが通行できないことを表している。	問13 標識の文字に注意！
☐ 問14	図2の標識のある道路は、すべての追い越しが禁止されている。	問14 補助標識がない場合の意味は？
☐ 問15	図3の標識のある道路は、原動機付自転車の右折が禁止されている。	問15 標識の矢印の禁止を表す！
☐ 問16	図4の標識は、横断歩道があることを表している。	問16 横断歩道を表す警戒標識はある？
☐ 問17	図5の標示がある場所は、車は通行することができない。	問17 消防署の前などにある理由は？
☐ 問18	図6がある道路では、標示内に入って駐停車することができない。	問18 2本線の路側帯の意味は？
☐ 問19	図7の標示は、転回禁止の始まりを表している。	問19 始まりを表す標示はある？
☐ 問20	図8の標示がある場所は、通行はできるが停止はできない。	問20 黄色の枠の意味は？

正解とポイントチェック

- 問1 ○ 原動機付自転車は「車（車両）」に含まれます。　➡P6
- 問2 × 総排気量50cc以下でも、ミニカーは普通自動車になります。　➡P6
- 問3 × 二段階右折をしなければならない場合は、直進することまでしかできません。　➡P8
- 問4 ○ 安全に停止できない場合は、そのまま進めます。　➡P8
- 問5 ○ 青色の左向き矢印の場合は、いつでも左折できます。　➡P9
- 問6 × 黄色の矢印信号で進めるのは路面電車だけです。　➡P9
- 問7 × 安全を確認すれば、徐行の必要はありません。　➡P9
- 問8 × 左折可の標示板があっても、歩行者の進行を妨げてはいけません。　➡P9
- 問9 ○ 身体の正面に対面する交通は赤信号なので、停止線で停止します。　➡P10
- 問10 × 赤色の灯火信号ではなく、黄色の灯火信号を意味します。　➡P11
- 問11 ○ 警察官の手信号が優先するので、それに従います。　➡P11
- 問12 × 補助標識は本標識ではありません。　➡P12
- 問13 ○ 「通行止め」の標識で、車、路面電車、歩行者のすべてが通行できません。　➡P12
- 問14 × 「追越しのための右側部分はみ出し通行禁止」を表します。　➡P13
- 問15 × 自動車と同じように小回りの方法で右折しなければならないことを表します。　➡巻末の標識・標示一覧
- 問16 × 学校、幼稚園、保育所などがあることを表す警戒標識です。　➡P13
- 問17 × 「停止禁止部分」を表し、停止はできませんが通行はできます。　➡P14
- 問18 ○ 「駐停車禁止路側帯」を表し、中に入って駐停車できません。　➡P7
- 問19 × 始まりではなく、「転回禁止区間の終わり」を表します。　➡P14
- 問20 × 「立入り禁止部分」を表し、通行も停止もできません。　➡P14

1 運転前の注意事項

運転前に確認すること

頻出問題 ⇒ P28

絶対に覚えたい！重要ポイント

強制保険 ⇒ 自賠責保険と責任共済の2種類がある！
長時間、運転するとき ⇒ 2時間に1回は休息をとる！
酒を飲んだとき ⇒ 絶対に運転してはいけない！

運転免許証を確認

運転しようとする車の免許証を所持する。

ここが合否を分ける！ 免許証を所持しないで運転すると、免許証不携帯の違反になる。

免許証に記載されている条件（眼鏡等使用など）を守る。

保険証明書を確認

強制保険に加入し、その証明書を車に備えつける。

強制保険とは、自動車損害賠償責任保険（自賠責保険）または責任共済のこと。

運転計画を立てる

運転コース、所要時間などについて、あらかじめ計画を立てておく。

長時間、運転するとき

2時間に1回

2時間に1回は休息をとる。

運転を控えるとき

運転しない

疲れているとき、眠気を催すかぜ薬を服用したときなどは、運転しないようにする。

運転してはいけないとき

酒を飲んだとき、シンナーの影響を受けているときなどは、運転してはいけない。

さらに得点UP！

こんな行為も禁止！

無免許の人に車を貸す。

これから運転しようとする人に酒をすすめる。

運転者に重量制限を超えて物を積むように頼む。

2 運転前に確認すること 免許の種類と意味

頻出問題 ⇒ P28

絶対に覚えたい！重要ポイント

原付免許 ➡ 原動機付自転車しか運転できない！
第二種免許 ➡ バスやタクシーなどを営業運転するときに必要！
原動機付自転車 ➡ 原付免許以外の免許でも運転できる！

運転免許の種類

第一種免許
自動車と原動機付自転車を運転するときに必要。

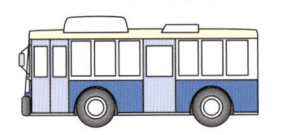

第二種免許
バスやタクシーなどを営業運転するときや、代行運転自動車を運転するときに必要。

仮免許
第一種免許を受けようとする人が、練習のために大型・中型・普通自動車を運転するときに必要。

原付免許で運転できる車

原付免許では、原動機付自転車しか運転できない。

原動機付自転車を運転できる免許

大型、中型、普通、大型特殊、大型二輪、普通二輪免許を取得すれば、原動機付自転車を運転できる。

第一種免許の種類と運転できる車

免許の種類 \ 運転できる車	大型自動車	中型自動車	普通自動車	大型特殊自動車	大型自動二輪車	普通自動二輪車	小型特殊自動車	原動機付自転車
大型免許	●	●	●				●	●
中型免許		●	●				●	●
普通免許			●				●	●
大型特殊免許				●			●	●
大型二輪免許					●	●	●	●
普通二輪免許						●	●	●
小型特殊免許							●	
原付免許								●
けん引免許	大型、中型、普通、大型特殊自動車のけん引自動車で、車両総重量750キログラムを超える車をけん引する場合に必要な免許。							

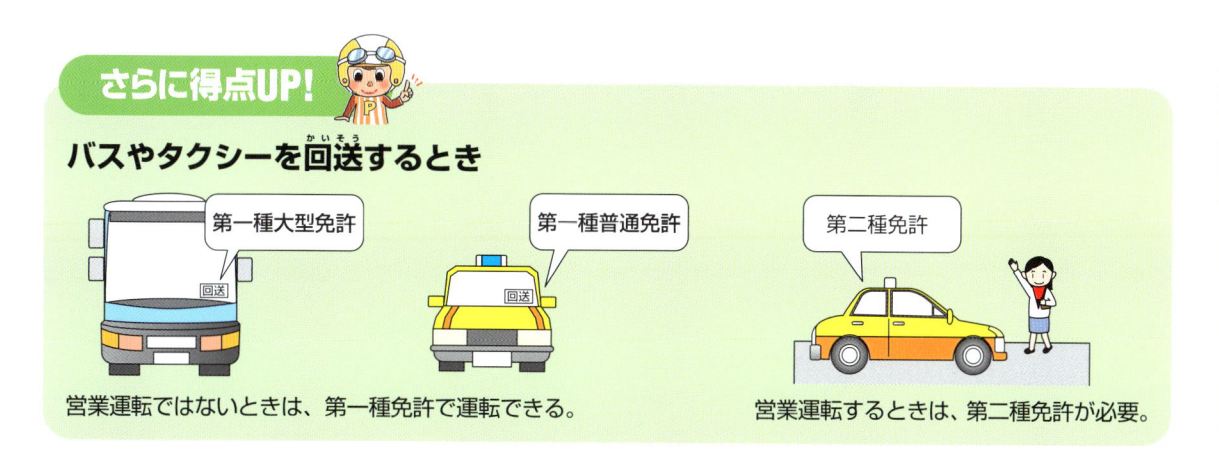

さらに得点UP!

バスやタクシーを回送するとき

第一種大型免許 — 営業運転ではないときは、第一種免許で運転できる。

第一種普通免許

第二種免許 — 営業運転するときは、第二種免許が必要。

3 運転前に確認すること
原動機付自転車の点検内容

頻出問題 ⮕ P28

絶対に覚えたい！重要ポイント

ブレーキレバー・ペダル ⮕ 適度な「あそび」が必要！
タイヤの空気圧 ⮕ 高すぎても低すぎてもよくない！
チェーン ⮕ 適度なゆるみが必要！

日常点検を行う

使用者などが判断した適切な時期に、自分自身で点検を行わなければならない。

点検で異常があったとき

修理・調整してから運転しなければならない。

こんな車は運転できない

灯火類に異常があったら、昼間でも運転してはいけない。

ハンドルを改造したり、マフラーを取り外した車を運転してはいけない。

日常点検の内容

ブレーキレバー・ペダル
「あそび」と効きは十分か。

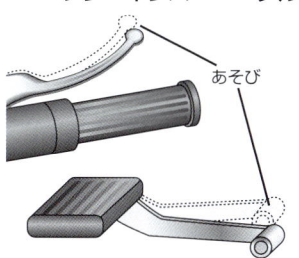

ここが合否を分ける！ ブレーキが効き始めるまでの「あそび」が適度に必要。

車輪
ガタやゆがみはないか。

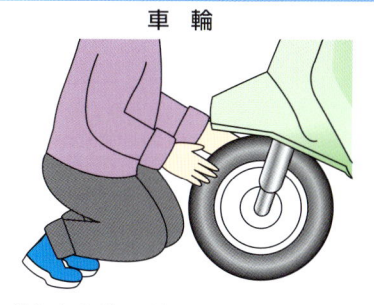

タイヤ
空気圧は適正か。

ここが合否を分ける！ 空気圧は、高すぎても低すぎてもよくない。

チェーン
ゆるすぎたり、張りすぎていないか。

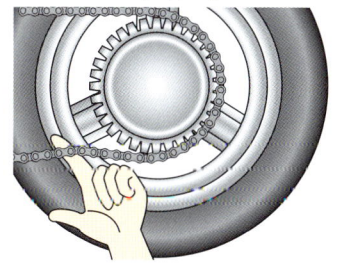

ここが合否を分ける！ 適度なゆるみが必要で、ピーンと張りすぎるのはよくない。

エンジン
スムーズにエンジンがかかるか。

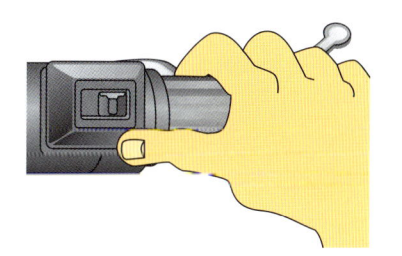

ハンドル
重くないか、ガタつきはないか。

灯火類
前照灯、尾灯、制動灯、方向指示器は、すべて正常に働くか。

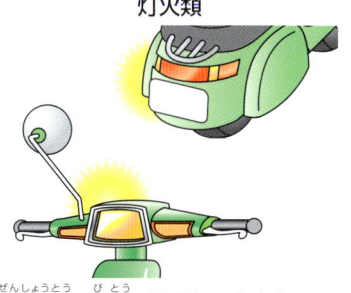

バックミラー
後方がよく見えるように調整されているか。

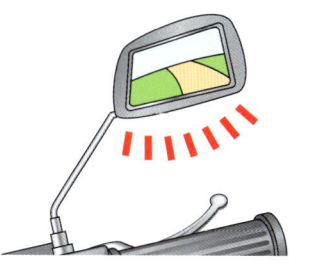

マフラー
破損していないか、完全に取りつけられているか。

運転前に確認すること3

4 運転前に確認すること
乗車・積載のルールと運転姿勢

頻出問題 ⇒ P28

絶対に覚えたい！重要ポイント

積載物の長さ ⇨ 荷台の後方に0.3メートルまではみ出せる！
積載物の幅 ⇨ 荷台の左右にそれぞれ0.15メートルまではみ出せる！
積載物の高さ ⇨ 荷台からではなく、地上から2メートルまで！

積載物の大きさと重量制限

重さ 30キログラム以下
長さ 荷台の長さ+0.3メートル以下
高さ 地上から2メートル以下
幅 荷台の幅+左右に0.15メートル以下

乗車定員

運転者1名だけで、二人乗りをすることはできない。

けん引するとき

120キログラム以下

リヤカーを1台けん引できる。リヤカーに積める荷物の重量は120キログラムまで。

ヘルメットの着用

乗車用ヘルメットをかぶり、あごひもを確実に締める。

ここが合否を分ける! 工事用安全帽は乗車用ヘルメットではないので、運転してはいけない。

運転するときの服装

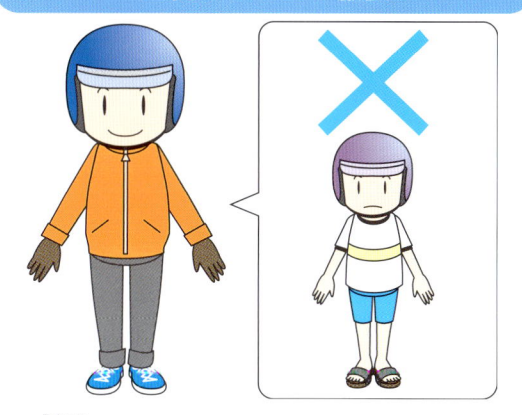

体の露出が少なくなるような服装をし、できるだけプロテクターを着用する。また、ほかの運転者から見落とされないようなウェア、ヘルメットで、できるだけプロテクターを着用する。

正しい乗車姿勢

ここが合否を分ける! 視線が近すぎると、障害物などの発見が遅れて危険。また、背すじを曲げた前傾姿勢も視界が狭くなるので避ける。

- 肩の力を抜き、ひじをわずかに曲げる。
- 視線は前のほうに向ける。
- 背すじをまっすぐ伸ばす。
- 手首を下げて、ハンドルを前に押すようにグリップを軽く握る。

〈オートバイ式の二輪車の場合〉
ステップに土踏まずを乗せ、足の裏がほぼ水平になるようにする。
タンクがある場合は、両ひざでタンクを締める。

運転前に確認すること4

5 安全運転の知識

運転前に確認すること　頻出問題 ⇒ P28

絶対に覚えたい！重要ポイント
- 疲労の影響 ⇒ 目に最も強く現れ、疲れが増すと見落としが多くなる！
- 遠心力の影響 ⇒ カーブの半径が小さくなるほど大きくなる！
- 速度の影響 ⇒ 遠心力や制動距離は速度の二乗に比例して大きくなる！

視覚の特性

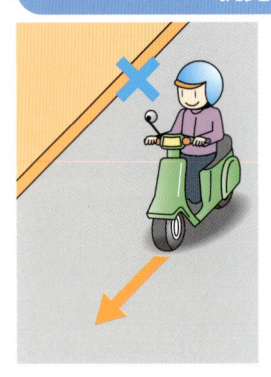

一点だけを注視せずに、絶えず前方や後方の状況に目を配る。

高速になると視力が低下し、とくに近くの物が見えにくくなる。

疲労の影響は、目に最も強く現れる。
ここが合否を分ける！ 疲労度が高まると、見落としや見まちがいが多くなるので注意する。

明るさが急に変わると、視力は一時的に急激に低下するので、トンネルの出入口などではとくに注意する。

摩擦力

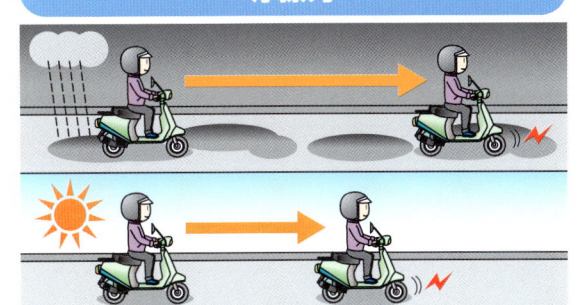

濡れたアスファルト路面を走行するときは、摩擦抵抗が小さくなり、制動距離が長くなる。

ここが合否を分ける! 急ブレーキは車輪がロックして路面を滑るので、制動距離が長くなる。

遠心力

カーブを回るとき、カーブの外側に滑り出す力が遠心力。カーブの半径が小さいほど大きくなり、速度の二乗に比例して大きくなる。

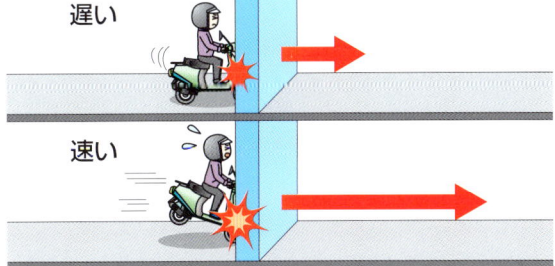

衝撃力

速度と重量に応じて大きくなる。また、固い物にぶつかったときほど、衝撃力は大きくなる。

速度の影響

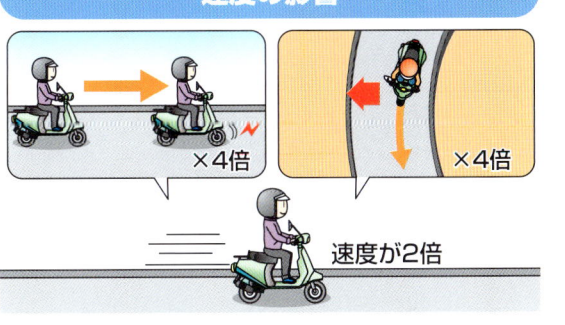

遠心力や制動距離は、速度の二乗に比例して大きくなるので、速度が2倍になれば4倍になる。

さらに得点UP!

速度と燃料消費量の関係！

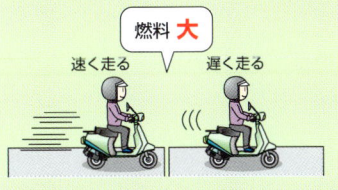

速度が速すぎても遅すぎても、燃料消費量は多くなる。

急発進、急ブレーキ、からぶかしも燃料を余分に消費する。

光化学スモッグが発生したとき

車の使用を控える。

運転前に確認すること5

運転前に確認すること
丸暗記したい頻出問題 20

- [ ] 問1 強制保険の証明書は大切な書類なので、車を運転するときは自宅に保管し、そのコピーを車に備えつける。
- [ ] 問2 長時間、車を運転するときは、事前に運転計画を立て、2時間に1回は休息をとるようにする。
- [ ] 問3 かぜなどで体調が悪いときは車の運転を控えるべきだが、かぜ薬を服用すれば運転を控える必要はない。
- [ ] 問4 原付免許を取得すれば、原動機付自転車と小型特殊自動車を運転することができる。
- [ ] 問5 バスやタクシーなどの旅客自動車は、第二種免許を取得しなければ運転することができない。
- [ ] 問6 普通免許を取得すれば、普通自動車のほかに原動機付自転車も運転することができる。
- [ ] 問7 日常点検で前照灯がつかないことがわかったが、昼間だったので、そのまま原動機付自転車を運転した。
- [ ] 問8 原動機付自転車のマフラーを取り外しても運転に支障はないので、そのような車を運転してもかまわない。
- [ ] 問9 原動機付自転車のチェーンは、ピーンと張りすぎているのはよくなく、適度なゆるみが必要である。
- [ ] 問10 原動機付自転車に荷物を積むときの高さは、荷台から2メートルまでである。
- [ ] 問11 乗車用ヘルメットを着用すれば、原動機付自転車で二人乗りをすることができる。
- [ ] 問12 原動機付自転車でリヤカーを1台けん引するとき、リヤカーに積める荷物の重量は120キログラムまでである。
- [ ] 問13 原動機付自転車に荷物を積むときの幅は、荷台から左右にそれぞれ0.3メートルまではみ出すことができる。
- [ ] 問14 原動機付自転車に荷物を積むときは、荷台の後方にはみ出してはならない。
- [ ] 問15 原動機付自転車は車体が小さいので、ほかの運転者から目につきやすい服装で運転したほうがよい。

ヒント

問1 原本とコピーどちらが必要？
問2 休息は何時間に1回がよい？
問3 かぜ薬は眠気を催す！
問4 原付免許で運転できるのは1つ！
問5 回送する場合もダメ？
問6 普通免許で運転できる車は？
問7 昼間でもつける場合はない？
問8 周囲に迷惑をかける運転はダメ！
問9 張りすぎは切れやすい！
問10 荷台から？ 地上から？
問11 原付の乗車定員は1名！
問12 けん引しない場合は30キログラムまで！
問13 後方は0.3メートルまで！
問14 はみ出せない場合がある？
問15 見落とされないことが重要！

	問16	原動機付自転車に乗るときは、手首を上げて、ハンドルを手前に引くようにするのがよい。	問16 手前に引いて危険はない？
	問17	原動機付自転車は危険な乗り物なので、背すじを丸めて近くを見るように運転する。	問17 前かがみの姿勢は安全？
	問18	明るいところから暗いところに入ると視力は急激に低下するが、暗いところから明るいところに出るときは、視力の低下はない。	問18 明るさが変わると視力は低下！
	問19	カーブを回るときは外側に遠心力が働き、遠心力はカーブの半径が大きくなるほど大きく作用する。	問19 半径が大きい＝カーブがゆるやか！
	問20	制動距離は速度の二乗に比例するので、速度が2倍になると4倍になり、3倍になると9倍になる。	問20 制動距離は速度の二乗に比例！

正解とポイントチェック

問1	×	車を運転するときは、証明書の原本を備えつけなければなりません。 ➡P18
問2	○	コース、時間などの運転計画を立て、2時間に1回は休息をとります。 ➡P19
問3	×	眠気を催す成分が入ったかぜ薬を服用したときは、運転を控えます。 ➡P19
問4	×	原付免許で運転できるのは、原動機付自転車だけです。 ➡P20
問5	×	営業所に回送する場合は、第一種免許で旅客自動車を運転できます。 ➡P20
問6	○	普通免許を取得すれば、原動機付自転車を運転することができます。 ➡P21
問7	×	昼間でもライトをつけなければならない場合があるので、運転してはいけません。 ➡P22
問8	×	マフラーを取り外すと騒音などで迷惑をかけるので、運転してはいけません。 ➡P22
問9	○	張りすぎると切れやすいので、チェーンには適度なゆるみが必要です。 ➡P23
問10	×	荷物の高さは荷台からではなく、地上から2メートルまでです。 ➡P24
問11	×	乗車用ヘルメットを着用しても、原動機付自転車で二人乗りをしてはいけません。 ➡P24
問12	○	リヤカーに積める荷物の重量は、120キログラムまでです。 ➡P24
問13	×	0.3メートルではなく、荷台からそれぞれ0.15メートルまではみ出せます。 ➡P24
問14	×	荷台の後方に0.3メートルまではみ出して、荷物を積むことができます。 ➡P24
問15	○	目につきやすい色のウェアなどを着て、ほかの運転者から見落とされないようにします。 ➡P25
問16	×	手首を下げて、ハンドルを前に押すようにグリップを軽く握ります。 ➡P25
問17	×	近くを見るのではなく、背すじを伸ばして視線を先のほうに向けます。 ➡P25
問18	×	明るさが急に変わると、視力は一時的に急激に低下します。 ➡P26
問19	×	遠心力は、カーブの半径が小さくなるほど大きく作用します。 ➡P27
問20	○	制動距離は速度の二乗に比例して大きくなります。 ➡P27

1 車の通行するところ

通行方法・優先・歩行者の保護　頻出問題 ▶ P40

絶対に覚えたい！重要ポイント

中央線がない ⇨ 道路の左部分を通行する！
中央線がある ⇨ 道路の左寄りを通行する！
車両通行帯がある ⇨ 左側の車両通行帯を通行する！

中央線のない道路では

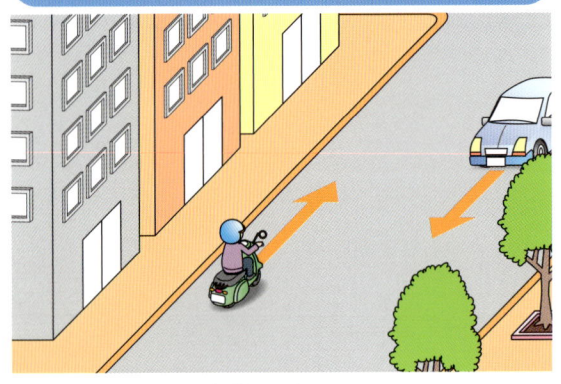

道路の中央から左の部分を通行する。

中央線のある道路では

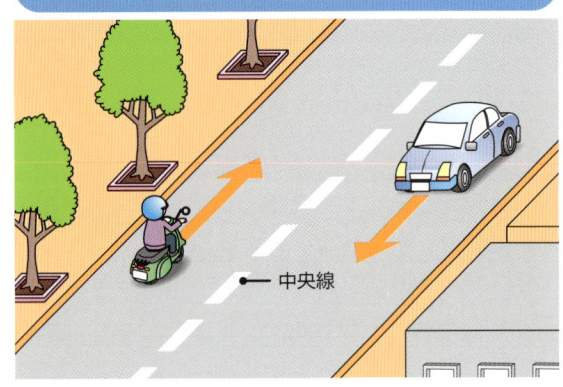

追い越しなどやむを得ない場合を除き、道路の左に寄って通行する。

車両通行帯が2つある道路では

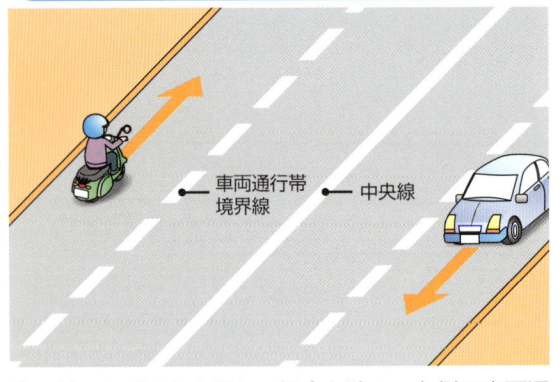

追い越しなどやむを得ない場合を除き、左側の車両通行帯を通行する。

車両通行帯が3つ以上ある道路では

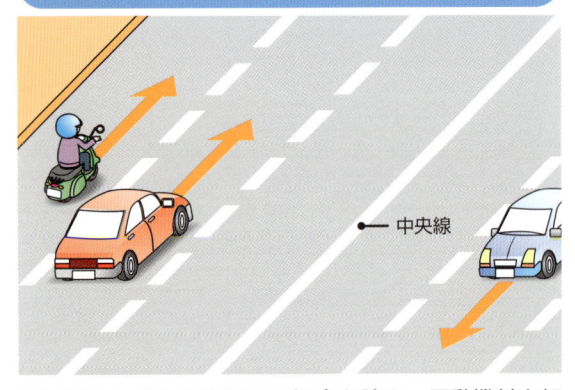

追い越しなどやむを得ない場合を除き、原動機付自転車は最も左側の通行帯を通行する。

道路の右側にはみ出して通行できるとき

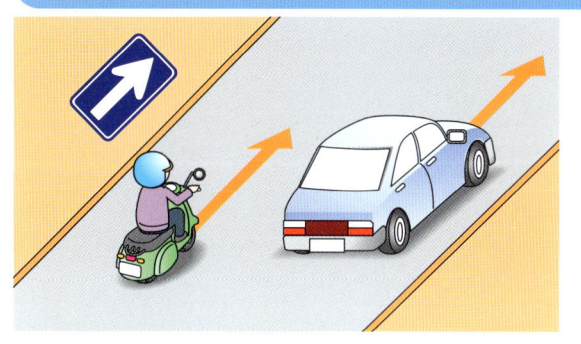

一方通行の道路。

工事などのため、左側部分だけでは通行するのに十分な幅がないとき。

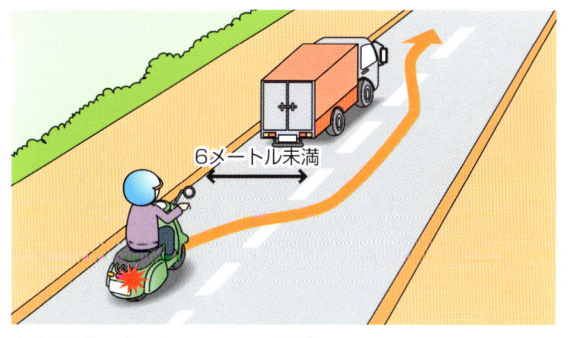

左側部分の幅が6メートル未満の見通しのよい道路で、ほかの車を追い越そうとするとき。

「右側通行」の標示があるところ。

ここが合否を分ける! 一方通行の道路以外は、はみ出し方をできるだけ少なくしなければならない。

さらに得点UP!

車両通行帯のある道路で注意すること!

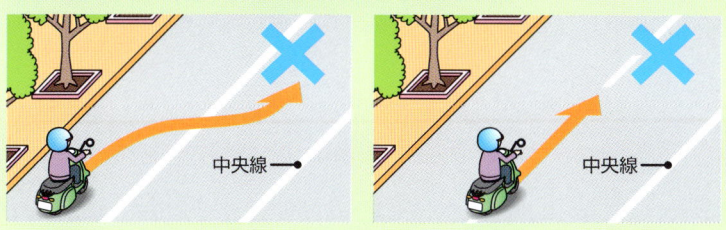

追い越しなどでやむを得ない場合のほかは、車両通行帯からはみ出したり、またがって通行してはならない。

みだりに車両通行帯を変えて通行しない。

2 車が通行してはいけないところ

通行方法・優先・歩行者の保護　頻出問題 ▸ P40

絶対に覚えたい！重要ポイント

歩道・路側帯 ➡ 横切るときは、その直前で一時停止！
歩行者用道路 ➡ 通行が認められた車は徐行して通行できる！
軌道敷内 ➡ 右折するときは通行できる！

標識によって通行が禁止されている道路

| 通行止め | 車両通行止め | 車両進入禁止 | 歩行者用道路 | 自転車および歩行者専用 |

ここが合否を分ける！ 二輪車のエンジンを止めて押して歩くときは歩行者として扱われるので、歩行者が通行できる道路を通行できる。

歩道・路側帯・自転車道

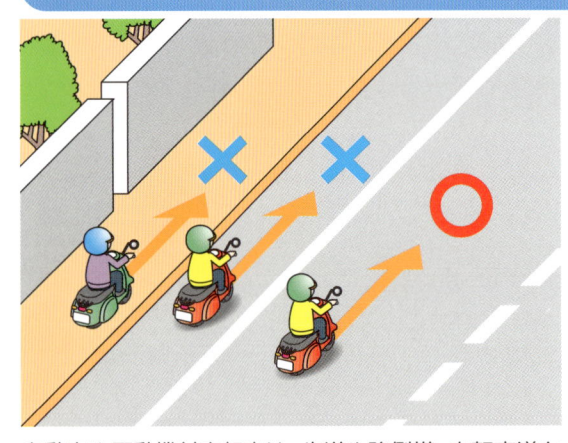

自動車や原動機付自転車は、歩道や路側帯、自転車道を通行してはいけない。

ここが合否を分ける！ 道路に面した場所に出入りするために横切ることはできる。

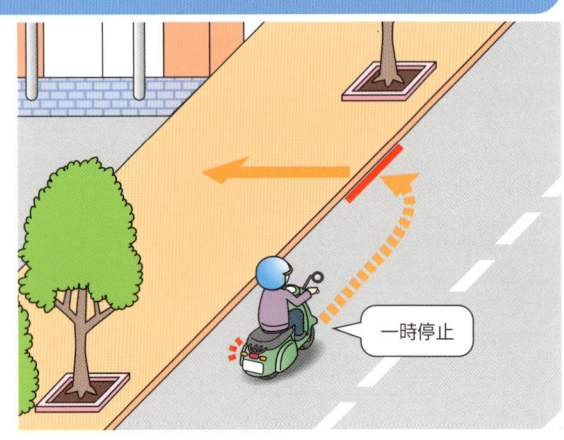

歩道や路側帯を横切るときは、その直前で必ず一時停止しなければならない。

歩行者用道路

車は歩行者用道路を通行してはいけない。

ここが合否を分ける! 沿道に車庫があるなど、とくに通行を認められた車は通行できる。

通行できる車でも、とくに歩行者に注意して徐行しなければならない。

安全地帯・立入り禁止部分

車の通行が禁止されているので、入ってはいけない。

軌道敷内

車は通行してはいけない。

ここが合否を分ける! 危険を避けるとき、右折するときなどは通行できる。

さらに得点UP!

渋滞しているときなどの進入禁止

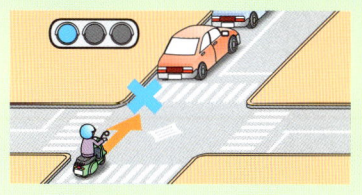

交差点で前方の交通が混雑しているときは、青信号でも交差点に入ってはいけない。

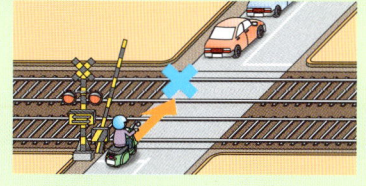

踏切の先が混雑しているときは、踏切内に進入してはいけない。

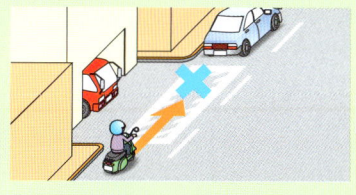

「停止禁止部分」の標示の先が混雑しているときは、標示内に入ってはいけない。

33

3 緊急自動車・路線バスなどの優先

通行方法・優先・歩行者の保護　頻出問題 ▶ P40

絶対に覚えたい！重要ポイント

交差点やその付近で緊急自動車が接近 ⇨ 交差点から出て左に寄って一時停止！
交差点やその付近以外で緊急自動車が接近 ⇨ 左側に寄る！
優先・専用通行帯 ⇨ 原動機付自転車はいつでも通行できる！

交差点やその付近で緊急自動車が近づいてきたとき

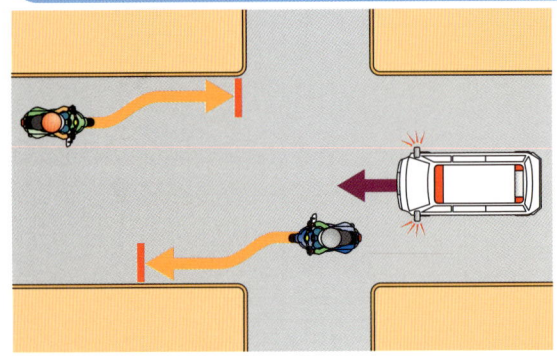

交差点を避けて、道路の左側に寄って一時停止する。

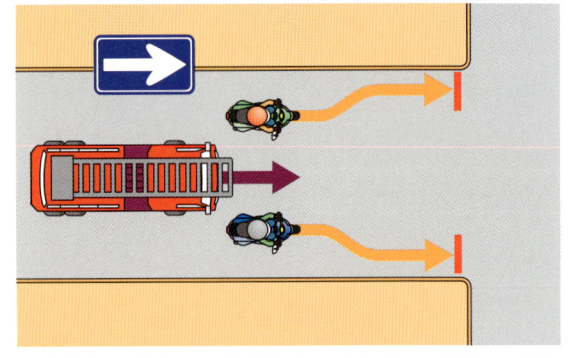

一方通行の道路で、左側に寄るとかえって緊急自動車の妨げになるときは、道路の右側に寄って一時停止する。

交差点やその付近以外で緊急自動車が近づいてきたとき

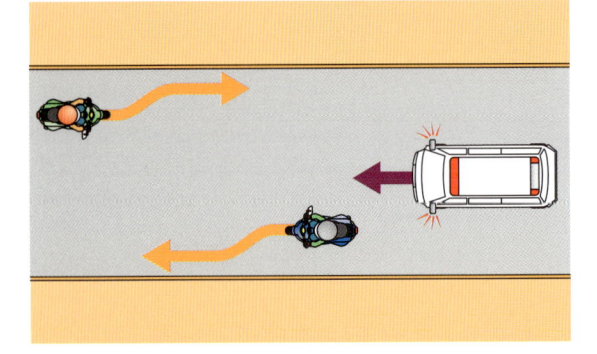

道路の左側に寄る。

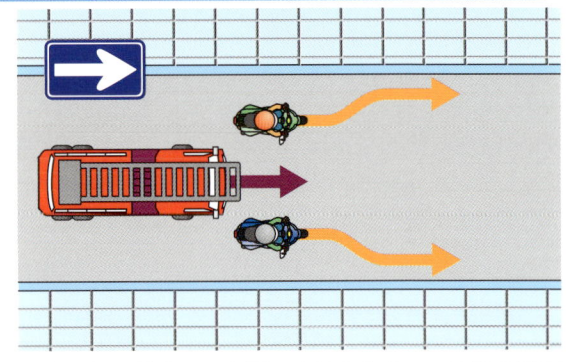

一方通行の道路で、左側に寄るとかえって緊急自動車の妨げになるときは、道路の右側に寄る。

路線バスが発進の合図をしたとき

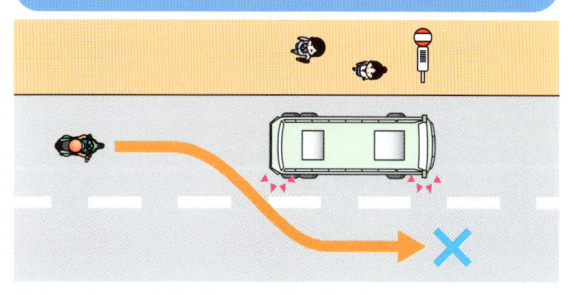

後方の車は、路線バスの発進を妨げてはいけない。

ここが合否を分ける! 急ハンドル、急ブレーキで避けなければならないときは、先に進める。

バス専用通行帯では

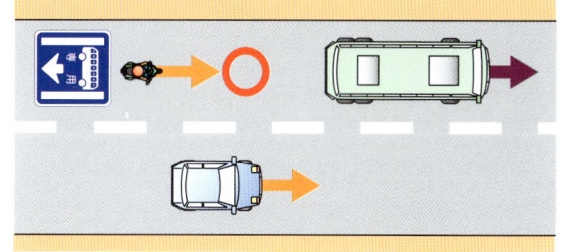

バス、原動機付自転車、小型特殊自動車、軽車両以外の車は、通行できない。

ここが合否を分ける! 左折するとき、工事などでやむを得ないときは、上記の車以外も通行できる。

路線バス等優先通行帯では

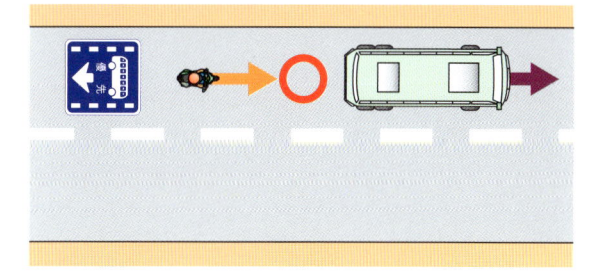

原動機付自転車、小型特殊自動車、軽車両は、いつでも通行できる。

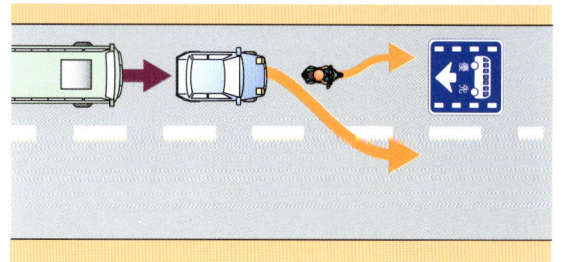

小型特殊自動車以外の自動車も通行できるが、路線バスなどが近づいてきたときは、すみやかに他の通行帯に移らなければならない。

さらに得点UP!

緊急自動車とは？

消防自動車や救急車など、緊急用務のため運転中の自動車をいう。

路線バス等とは？

路線バスのほか、通学・通園バス、公安委員会が指定した自動車をいう。

4 歩行者などのそばを通行するとき

通行方法・優先・歩行者の保護　頻出問題 ▶ P40

絶対に覚えたい！重要ポイント

歩行者・自転車のそば ➡ 安全な間隔をあけるか徐行する！
安全地帯のそば ➡ 歩行者がいるときは徐行する！
停止中の路面電車の側方 ➡ 安全地帯がないときは、原則、停止して待つ！

歩行者や自転車のそばを通るとき

歩行者や自転車との間に安全な間隔をあけるか、徐行しなければならない。

安全地帯のそばを通るとき

安全地帯に歩行者がいるときは、徐行しなければならない。

ここが合否を分ける！ 歩行者がいないときは、徐行する必要はなく、そのまま進める。

停留所で停止中の路面電車の側方を通るとき

路面電車の後方で停止し、乗り降りする人などがいなくなるまで待たなければならない。

〈徐行して進めるとき〉

安全地帯があるとき。

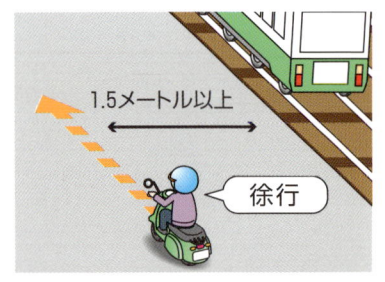

乗り降りする人がなく、路面電車と1.5メートル以上の間隔がとれるとき。

横断歩道・自転車横断帯に近づいたとき

歩行者や自転車がいないことが明らかなときは、そのまま進める。

歩行者や自転車がいないことが明らかでないときは、その手前で停止できるような速度で進む。

歩行者や自転車が横断しているとき、横断しようとしているときは、一時停止して道を譲る。

横断歩道・自転車横断帯の手前では

直前に停止車両があるときは、前方に出る前に一時停止して安全を確認する。

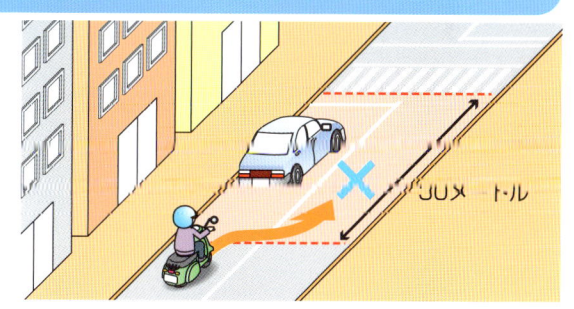

横断歩道・自転車横断帯と、その手前30メートル以内の場所は、追い越し・追い抜きが禁止されている。

さらに得点UP!

停止車両の側方を通るとき
ドアが急にあいたり、車のかげから人が飛び出すことがあるので注意する。

ぬかるみなどを通るとき
泥や水をはねないように、徐行するなどして通行する。

歩行者が道路を横断しているとき
交差点やその付近では、横断歩道のないところでも、その通行を妨げてはいけない。

通行方法・優先・歩行者の保護　頻出問題 ▷ P40

5 子ども、高齢者などを保護する

絶対に覚えたい！重要ポイント

ひとり歩きの子どもや高齢者 ⇨ 一時停止か徐行が必要！
停止中の通学・通園バスのそば ⇨ 徐行が必要！
初心者マークなどをつけた車 ⇨ 幅寄せや割り込みは禁止！

一時停止か徐行をして保護しなければならない人

子どもがひとりで歩いているとき。

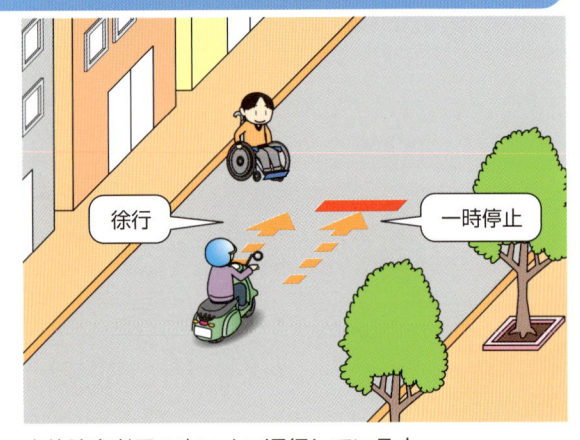

身体障害者用の車いすで通行している人。

白または黄色のつえを持って歩いている人、盲導犬を連れて歩いている人。

つえをついて歩いている人など、通行に支障のある高齢者が通行しているとき。

児童・園児を保護する

止まっている通学・通園バスのそばを通るときは、徐行して安全を確かめなければならない。

徐行

学校、幼稚園などの付近では、子どもの飛び出しにとくに注意しなければならない。

左右を確認

初心運転者などを保護する

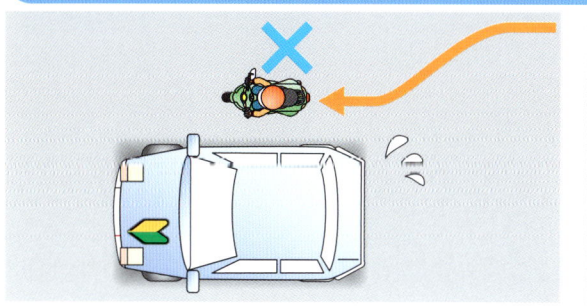

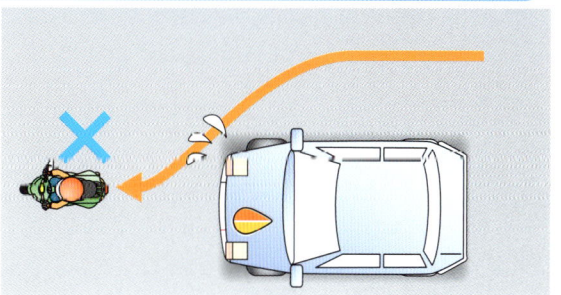

下の5つのマーク・標識をつけた車に対する、幅寄せや割り込みは禁止されている。

初心者マーク	高齢者マーク	身体障害者マーク	聴覚障害者マーク	仮免許練習標識
普通免許を取得して1年未満の初心運転者が、普通自動車を運転するときにつけなければならない。	70歳以上の高齢運転者が、普通自動車を運転するときにつける。平成23年2月1日から上記左に変更*。	身体に障害がある人が、普通自動車を運転するときにつける。	聴覚に障害があることを条件に免許を受けている人が、普通自動車を運転するときにつけなければならない。	普通自動車、中型自動車、大型自動車の運転練習するときにつけなければならない。

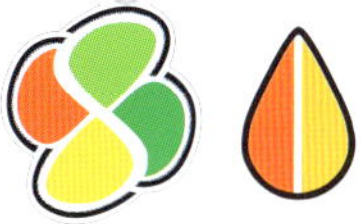

＊右のマークも使用可

通行方法・優先・歩行者の保護
丸暗記したい頻出問題 20

- [ ] 問1　車両通行帯が3つ以上の道路を通行する原動機付自転車は、最も右側以外の通行帯であればどこを通行してもよい。
- [ ] 問2　「右側通行」の標示のある道路では、必ず矢印に従って道路の右側にはみ出して通行しなければならない。
- [ ] 問3　車は歩行者用道路を通行できないが、とくに通行を認められた車は徐行して通行することができる。
- [ ] 問4　歩道や路側帯を横切るときは、歩行者がいる場合は一時停止、いない場合は徐行しなければならない。
- [ ] 問5　原動機付自転車は「車両通行止め」の標識のある道路を通行できないが、エンジンを切り、押して歩く場合は通行できる。
- [ ] 問6　交差点内を通行中、後方から緊急自動車が近づいてきたので、その場に停止して進路を譲った。
- [ ] 問7　一方通行の道路で緊急自動車に進路を譲るときは、必ず道路の右側に寄らなければならない。
- [ ] 問8　停留所で停止していた路線バスが発進の合図をしたが、急ハンドルで避けなければならなかったので先に進んだ。
- [ ] 問9　原動機付自転車は、路線バス等優先通行帯を通行できるので、路線バスが接近してきても、他の通行帯に移る必要はない。
- [ ] 問10　バス専用通行帯は、原動機付自転車であっても、左折する場合や、やむを得ない場合以外は通行してはならない。
- [ ] 問11　歩行者のそばを通るときは、安全な間隔をあけるか徐行しなければならないが、自転車のそばを通るときはその必要はない。
- [ ] 問12　歩行者のいない安全地帯のそばを通るときは、徐行する必要はなく、そのままの速度で通行できる。
- [ ] 問13　安全地帯のある停留所に路面電車が停止しているときは、乗り降りする人がいる場合でも、徐行して進むことができる。
- [ ] 問14　横断歩道に近づいたとき、そのそばに歩行者がいたが、横断するかわからなかったので、そのままの速度で注意して進行した。
- [ ] 問15　横断歩道の手前に停止している車があるときは、その車の前方に出る前に一時停止しなければならない。

ヒント

- 問1　まん中の通行帯でもよい？
- 問2　はみ出さないで通れる場合は？
- 問3　車庫がある場合などはOK！
- 問4　徐行でもよい？
- 問5　歩行者は通行できる！
- 問6　交差点内に停止してもよい？
- 問7　必ず右側に寄る場合はある？
- 問8　急ハンドルは危険！
- 問9　原付でほかの通行帯に移る必要はある？
- 問10　専用通行帯を走れる車は？
- 問11　歩行者も自転車も扱いは同じ！
- 問12　歩行者がいるときは徐行！
- 問13　安全地帯がない場合の違いは？
- 問14　横断した場合に危険はない？
- 問15　横断している人を確認！

	問16	子どもがひとりで歩いているときは、一時停止か徐行をして、安全に通行できるようにしなければならない。	問16 子どもの動向には注意が必要！
	問17	身体障害者用の車いすで通行している人に対しては一時停止か徐行が必要だが、つえをついて歩いている高齢者に対してはその必要はない。	問17 高齢者は保護しなくてよい？
	問18	学校や幼稚園の付近は、子どもが飛び出すことがあるので、徐行して進行しなければならない。	問18 必ず徐行が必要な場所？
	問19	初心者マークをつけた車は保護しなければならないので、そのような車に対する追い越しは禁止されている。	問19 追い越しも禁止？
	問20	高齢者マークをつけた車は70歳以上の人が運転しているので、幅寄せや割り込みをせずに保護しなければならない。	問20 高齢者マーク＝70歳以上！

正解とポイントチェック

問1	×	追い越しなどのほかは、最も左側の通行帯を通行しなければなりません。 ➡P30
問2	×	必ずはみ出さなければならないのではなく、はみ出すことができるという意味です。 ➡P31
問3	○	通行を認められた車は、徐行して歩行者用道路を通行できます。 ➡P33
問4	×	歩行者の有無にかかわらず、その直前で一時停止しなければなりません。 ➡P32
問5	○	二輪車のエンジンを切って押して歩く場合は、歩行者として扱われます。 ➡P32
問6	×	交差点を出て、左側に寄って一時停止しなければなりません。 ➡P34
問7	×	左側に寄るとかえって緊急自動車の妨げになるときに、右側に寄ります。 ➡P34
問8	○	急ハンドルで避けなければならないときは、路線バスより先に進めます。 ➡P35
問9	○	原動機付自転車は、路線バスが接近してきても他の通行帯に移る必要はありません。 ➡P35
問10	×	原動機付自転車は、バス専用通行帯をいつでも通行できます。 ➡P35
問11	×	自転車のそばを通るときも、安全な間隔をあけるか徐行しなければなりません。 ➡P36
問12	○	安全地帯に歩行者がいないときは、そのまま進めます。 ➡P36
問13	○	安全地帯があるときは、徐行して進むことができます。 ➡P36
問14	×	設問の場合は、横断歩道の手前で止まれるように速度を落とします。 ➡P37
問15	○	車の前方に出る前に一時停止して、安全を確認しなければなりません。 ➡P37
問16	○	子どもの飛び出しに注意して、一時停止か徐行をします。 ➡P38
問17	×	つえをついた高齢者に対しても、一時停止か徐行が必要です。 ➡P38
問18	×	飛び出しには注意が必要ですが、徐行しなければならないわけではありません。 ➡P39
問19	×	幅寄せや割り込みは禁止されていますが、追い越しはとくに禁止されていません。 ➡P39
問20	○	高齢者マークをつけた車は、保護しなければなりません。 ➡P39

速度・合図・進路変更　　頻出問題 ▶ P50

1 最高速度と徐行の速度、徐行が必要な場所

絶対に覚えたい！重要ポイント

- 自動車の最高速度 ➡ すべて60キロメートル毎時！
- 曲がり角付近 ➡ 見通しに関係なく徐行が必要な場所！
- こう配の急な坂 ➡ 上り坂は徐行場所ではない！

自動車と原動機付自転車の法定最高速度

自動車	原動機付自転車	原動機付自転車でリヤカーをけん引
60キロメートル毎時	30キロメートル毎時	25キロメートル毎時

徐行の意味と目安になる速度

10キロメートル毎時以下

徐行とは、車がすぐに停止できるような速度で進行することをいう。

ブレーキをかけてから、おおむね1メートル以内で止まれる、10キロメートル毎時以下の速度が目安。

徐行しなければならない場所

「徐行」の標識がある場所。

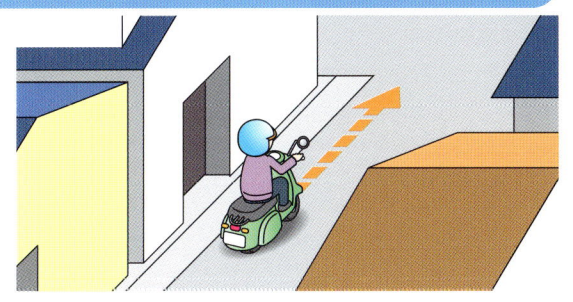

左右の見通しがきかない交差点。
ここが合否を分ける! 交通整理が行われている場合や、優先道路を通行している場合は徐行の必要はない。

道路の曲がり角付近。
ここが合否を分ける! 見通しのよし悪しに関係なく、徐行しなければならない。

上り坂の頂上付近。

こう配の急な下り坂。

さらに得点UP!

規制速度を守って走る

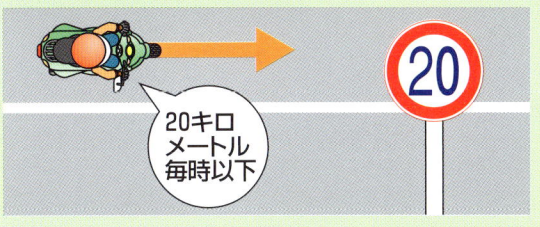

20キロメートル毎時以下

標識や標示で最高速度が指定されている道路では、その規制速度を守らなければならない。

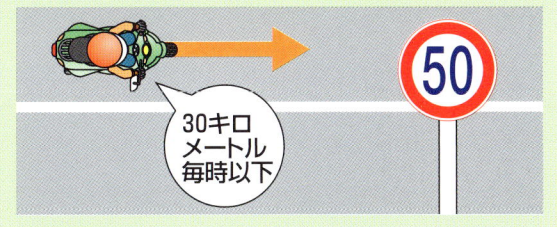

30キロメートル毎時以下

「最高速度50キロ」の標識がある道路でも、原動機付自転車は30キロメートル毎時を超えてはならない。

速度・合図・進路変更　頻出問題 ▶ P50

2 停止距離と車間距離、ブレーキのかけ方

絶対に覚えたい！重要ポイント

停止距離 ⇨ 空走距離と制動距離を合わせた距離！
疲れているとき ⇨ 空走距離が長くなる！
エンジンブレーキ ⇨ 低速になるほど制動効果が高まる！

空走距離と制動距離、停止距離の関係

空走距離 ＋ **制動距離** ＝ **停止距離**

空走距離	制動距離	停止距離
運転者が危険を感じてブレーキをかけ、実際にブレーキが効き始めるまでの間に車が走る距離。	実際にブレーキが効き始めてから、車が停止するまでの距離。	空走距離と制動距離を合わせた距離。

あ！ → 効き始め → ストップ

空走距離が長くなるとき

普通のとき／疲れているとき／お／あ！

運転者が疲れているときは、危険を感じて判断するまでに時間がかかる。

制動距離が長くなるとき

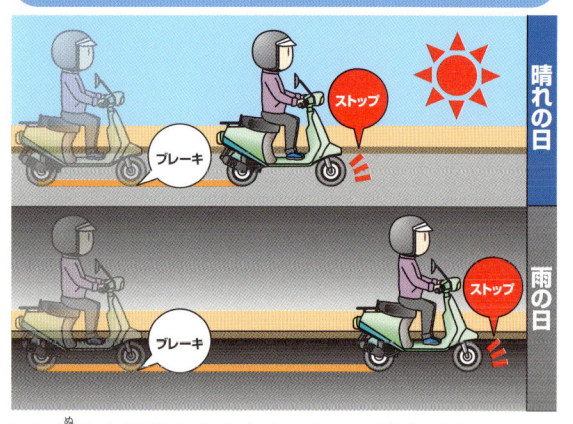

晴れの日／雨の日

雨に濡れた道路を走るとき、タイヤがすり減っているときは、制動距離が長くなる。

原動機付自転車の3つのブレーキ

前輪ブレーキ	ブレーキレバーを使う。 
後輪ブレーキ	ブレーキペダル、またはブレーキレバーを使う。 
エンジンブレーキ	アクセルの戻し、またはシフトダウン。 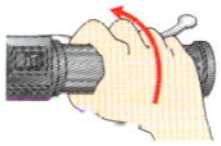

ブレーキの正しいかけ方

車体を垂直に保ち、ハンドルを切らずに、エンジンブレーキを効かせながら、前後輪ブレーキを同時にかける。

エンジンブレーキの効果

エンジンブレーキは、低速ギアになるほど制動力が大きくなる。

急ブレーキは危険

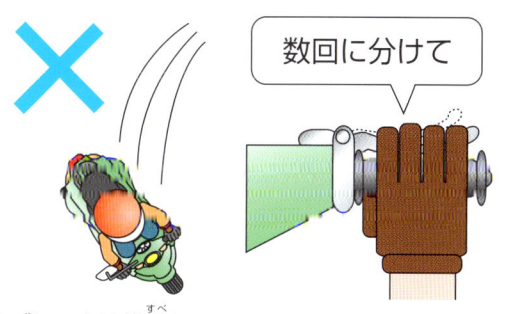

急ブレーキは横滑りの原因になるので避け、数回に分けてブレーキをかける。

さらに得点UP！

安全な車間距離を保つ

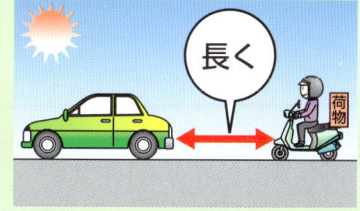

天候、路面、タイヤの状態、荷物の重さなどを考え、前の車が急に止まっても追突しない車間距離をとる。

制動距離

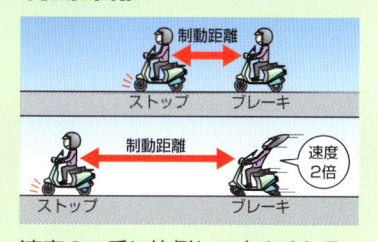

速度の二乗に比例して大きくなる。

速度・合図・進路変更　頻出問題 ⇒ P50

3 合図の時期と方法、警音器の使用法

絶対に覚えたい！重要ポイント

左腕を水平に伸ばす ⇒ 左折、または左への進路変更！
左腕を斜め下に伸ばす ⇒ 徐行、または停止！
警笛区間内 ⇒ 見通しの悪い3つの指定場所で警音器を鳴らす！

合図を行う時期と方法（環状交差点を除く）

合図を行う場合	合図の時期	合図の方法	
左折するとき（環状交差点内を除く）	30メートル手前の地点から		左側の方向指示器を操作するか、右腕を車の外に出してひじから垂直に上に曲げるか、左腕を水平に伸ばす。
左方への進路変更	約3秒前から		
右折、転回するとき（環状交差点内を除く）	30メートル手前の地点から		右側の方向指示器を操作するか、右腕を車の外に出して水平に伸ばすか、左腕をひじから垂直に上に曲げる。
右方への進路変更	約3秒前から		
徐行、停止するとき	徐行、停止しようとするとき		制動灯をつけるか、右腕を車の外に出して斜め下に伸ばすか、左腕を斜め下に伸ばす。
後退するとき（四輪車）	後退しようとするとき		後退灯をつけるか、腕を車の外に出して斜め下に伸ばし、手のひらを後ろに向けて腕を前後に動かす。

※環状交差点を出るときは、出ようとする地点の直前の出口を通過したときに左折の合図を行う。

警音器の乱用は禁止

標識で指定されている場所、危険を防止するためやむを得ない場合以外は、警音器を鳴らしてはいけない。

「警笛鳴らせ」の標識がある場所

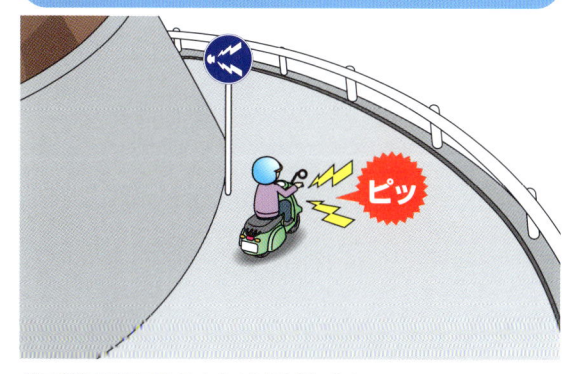

必ず警音器を鳴らさなければならない。

「警笛区間内」の次の場所では警音器を鳴らす

見通しの悪い交差点。

見通しの悪い曲がり角。

見通しの悪い上り坂の頂上。

さらに得点UP！

手による合図を行うとき

夕日の反射などで方向指示器が見えにくいとき。

警音器の乱用になる行為

前車の発進を促す。

あいさつ代わりに使う。

47

速度・合図・進路変更　頻出問題 ⇒ P50

4 進路変更、横断・転回が禁止されているとき

絶対に覚えたい！重要ポイント

黄色の線で区画 ⇨ 線を越えて進路変更してはいけない！
緊急自動車に進路を譲るとき ⇨ 黄色の線を越えてもよい！
「車両横断禁止」の標識 ⇨ 左折を伴う左への横断はできる！

進路変更の制限

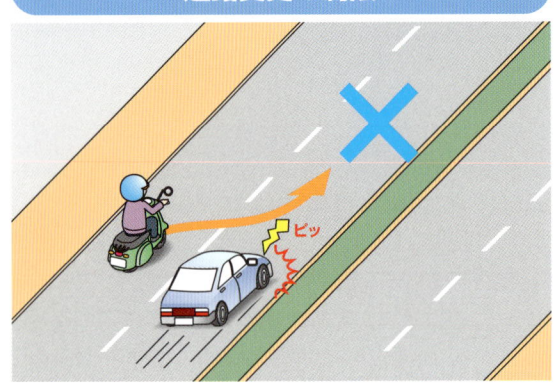

進路を変えると、後方の車が急ブレーキや急ハンドルで避けなければならないときは、進路変更してはいけない。

黄色の線で区画された通行帯では

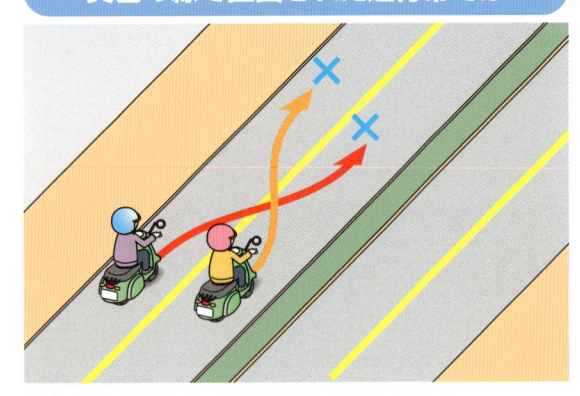

黄色の線を越えて、進路変更してはいけない。

白と黄色で区画された線の通行帯では

自分の通行している側に白の実線、または破線が引かれている道路では、進路変更してもよい。

緊急自動車に進路を譲るとき

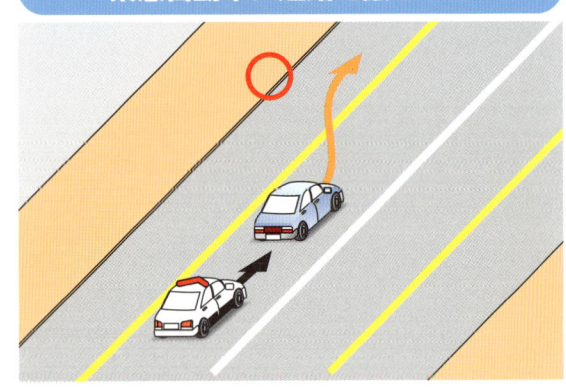

黄色の線で区画された通行帯でも、その線を越えて進路変更することができる。

48

「転回禁止」の標識・標示がある道路では

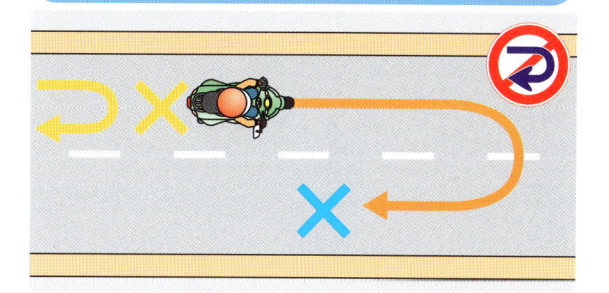

通行している車がなくても、転回してはいけない。

「車両横断禁止」の標識がある道路では

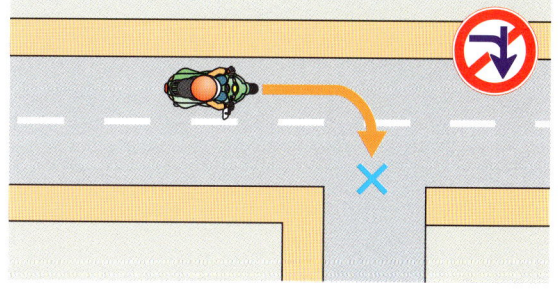

右折を伴う右側への横断をしてはいけない。

ここが合否を分ける! 「車両横断禁止」の標識があっても、左折を伴う左側への横断は禁止されていない。

標識・標示がない場所では

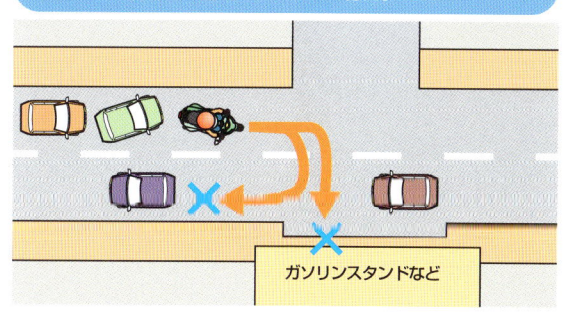

他の車などの正常な進行を妨げるおそれがあるときは、転回や横断をしてはいけない。

割り込み、横切りの禁止

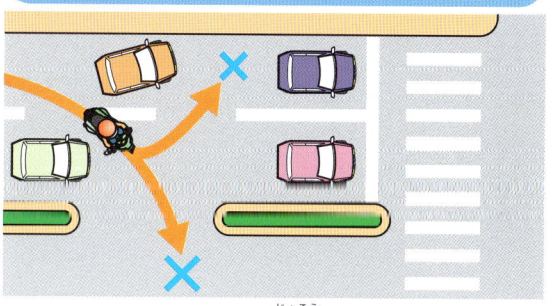

前車が交差点などで停止や徐行しているときは、その前に割り込んだり、横切ったりしてはいけない。

さらに得点UP!

進路変更するとき

バックミラーや目視で安全を確認する。

道路外の施設に入るとき

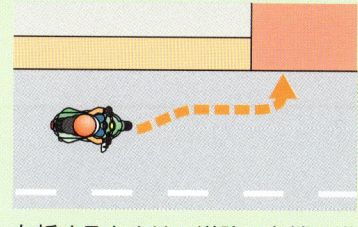

左折するときは、道路の左端に沿って徐行する。

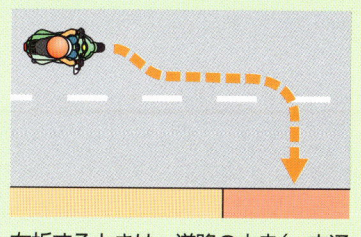

右折するときは、道路の中央(一方通行路では右端)に沿って徐行する。

速度・合図・進路変更
丸暗記したい頻出問題 20

☐ 問1	一般道路の法定最高速度は、自動車が60キロメートル毎時、原動機付自転車が30キロメートル毎時である。	問1 自動車と原付の2種類！
☐ 問2	原動機付自転車でリヤカーを1台けん引するときの法定最高速度は、30キロメートル毎時である。	問2 けん引するときも同じ速度でよい？
☐ 問3	「最高速度40キロ」の標識がある道路では、原動機付自転車も40キロメートル毎時で走行することができる。	問3 30キロを超えてもよい？
☐ 問4	徐行とは、車がすぐ止まれるような速度で進行することをいい、おおむね1メートル以内で止まれる速度とされている。	問4 すぐ止まれる速度とは？
☐ 問5	原動機付自転車で左右の見通しがきかない交差点にさしかかったが、優先道路を通行していたので、そのままの速度で進行した。	問5 優先道路でも徐行？
☐ 問6	見通しの悪い道路の曲がり角付近では徐行しなければならないが、見通しのよいときは徐行しなくてよい。	問6 見通しは関係ある？
☐ 問7	制動距離は、運転者が危険を感じてブレーキをかけ、実際にブレーキが効き始めるまでに車が走る距離のことをいう。	問7 空走距離はどんな意味？
☐ 問8	運転者が疲れているときは、ブレーキをかけるまでに時間がかかるので、空走距離と制動距離が長くなる。	問8 制動距離にも影響する？
☐ 問9	原動機付自転車のブレーキは、レバーを使う前輪ブレーキと、ペダルまたはレバーを使う後輪ブレーキの2種類だけである。	問9 ブレーキは2種類しかない？
☐ 問10	長い下り坂などでエンジンブレーキを活用するときは、低速ギアに入れたほうが制動効果が高まる。	問10 ブレーキがよく効くのは？
☐ 問11	原動機付自転車が左折するときの手による合図は、左腕を水平に伸ばすようにする。	問11 右腕を水平に伸ばすのは右折。左折は？
☐ 問12	前を走る自動車の運転者が、右腕を車の外に出して斜め下に伸ばしたが、この合図は前車が後退することを表している。	問12 斜め下に伸ばす＝後退？
☐ 問13	左折や右折、転回するときの合図は、その行為をしようとする30メートル手前の地点から行う。	問13 進路変更は約3秒前！
☐ 問14	徐行や停止するときの合図は、徐行や停止しようとする約3秒前に行う。	問14 徐行や停止も3秒前
☐ 問15	前車の発進を促すために警音器を使用してはならないが、あいさつするために警音器を鳴らすことは認められている。	問15 あいさつ代わりに使ってもいい？

	問16	「警笛鳴らせ」の標識がある場所でも、運転者がとくに危険がないと判断したときは、警音器を鳴らさなくてもよい。	問16 標識がある意味は？
	問17	警笛区間内を通行中、道路の曲がり角にさしかかったときは、見通しにかかわらず、必ず警音器を鳴らさなければならない。	問17 見通しのよい場所でも鳴らす？
	問18	車両通行帯が黄色の線で区画されているところでは、緊急自動車が後方から近づいてきても、その通行帯から出て進路を譲る必要はない。	問18 緊急自動車はつねに優先！
	問19	「転回禁止」の標識がある道路では、右折を伴う右側への横断もしてはならない。	問19 転回禁止＝横断禁止？
	問20	「車両横断禁止」の標識があるところでは、左側の施設に入るための左折を伴う横断も禁止されている。	問20 左側への横断も禁止？

正解とポイントチェック

問1	○	原動機付自転車の法定最高速度は、30キロメートル毎時です。➡P42
問2	×	リヤカーをけん引するときの法定最高速度は、25キロメートル毎時です。➡P42
問3	×	原動機付自転車は、30キロメートル毎時を超える速度で走行してはいけません。➡P43
問4	○	前車から1メートル以内であれば、10キロメートル毎時以下の速度で走行します。➡P42
問5	○	優先道路を通行しているときは、徐行の必要はありません。➡P43
問6	×	見通しに関係なく、道路の曲がり角付近は徐行しなければならない場所です。➡P43
問7	×	設問の内容は、制動距離ではなく空走距離です。➡P44
問8	×	空走距離は長くなりますが、制動距離は変わりません。➡P44
問9	×	設問の2種類のほかに、アクセルの戻しやシフトダウンによるエンジンブレーキがあります。➡P45
問10	○	エンジンブレーキは、低速ギアほど制動効果が高くなります。➡P45
問11	○	左腕を水平に伸ばす合図は、左折または左への進路変更を意味します。➡P46
問12	×	腕を斜め下に伸ばす合図は、その車が徐行または停止することを表します。➡P46
問13	○	右左折や転回の合図は、30メートル手前の地点から始めます。➡P46
問14	×	徐行や停止の合図は、その行為をしようとするときに行います。➡P46
問15	×	あいさつ代わりに警音器を鳴らす行為は禁止されています。➡P47
問16	×	「警笛鳴らせ」の標識がある場所では、警音器を鳴らさなければなりません。➡P47
問17	×	警音器を鳴らさなければならないのは、見通しの悪い道路の曲がり角です。➡P47
問18	×	緊急自動車に進路を譲るときは、黄色の線を越えてもかまいません。➡P48
問19	×	転回禁止の場所でも、右側への横断が禁止されているわけではありません。➡P49
問20	×	右側への横断は禁止されていますが、左側への横断は禁止されていません。➡P49

追い越し・交差点・駐停車　　頻出問題 ▸ P66

1 追い越しの方法と禁止されている場合

絶対に覚えたい！重要ポイント
- 追い越しと追い抜きの違い ⇨ 進路を変えるか変えないか！
- 追い越しの方法 ⇨ 車は右側、路面電車は左側が原則！
- 二重追い越し ⇨ 前車が自動車を追い越そうとしているとき！

追い越し

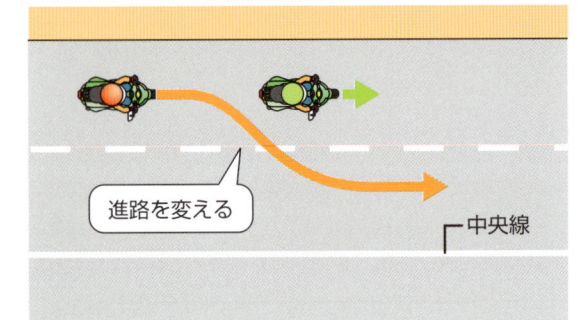

進路を変える　　中央線

車が進路を変えて、進行中の前車の前方に出ることをいう。

追い抜き

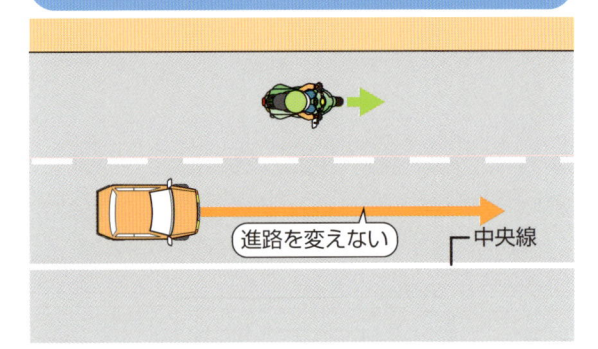

進路を変えない　　中央線

車が進路を変えないで、進行中の前車の前方に出ることをいう。

車を追い越すとき

前車の右側を通行する。

ここが合否を分ける！ 前車が右折するため、道路の中央（一方通行路では右端）に寄って通行しているときは、その左側を通行する。

路面電車を追い越すとき

路面電車の左側を通行する。

ここが合否を分ける！ 軌道が左端に寄っているときは、その右側を通行する。

52

追い越しが禁止されている場合

前車が自動車を追い越そうとしているとき（二重追い越し）。

前車が右折のため、右側に進路を変更しようとしているとき。

追い越しをすると、反対方向からの車の進行を妨げるときや、前車の進行を妨げなければ左側部分に戻れないとき。

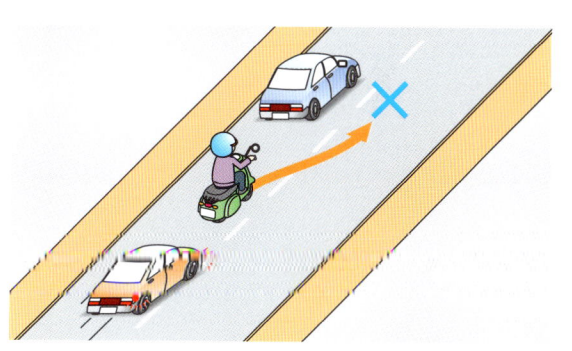

後ろの車が自分の車を追い越そうとしているとき。

さらに得点UP!

追い越しをするときに注意すること

前方や後方の安全を確かめてから追い越しをする。

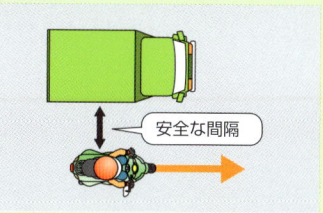

追い越す車との間に安全な間隔を保つ。

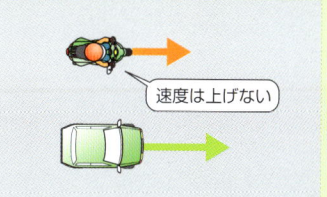

安全な間隔

追い越されるときは、速度を上げないようにする。

速度は上げない

2 追い越し・交差点・駐停車
追い越しが禁止されている場所

頻出問題 ▶ P66

絶対に覚えたい！重要ポイント

トンネル ➡ 車両通行帯がある場合は禁止されていない！
交差点とその付近 ➡ 優先道路では禁止されていない！
坂道での追い越し禁止場所 ➡ 頂上付近とこう配の急な下り坂！

追い越し禁止場所

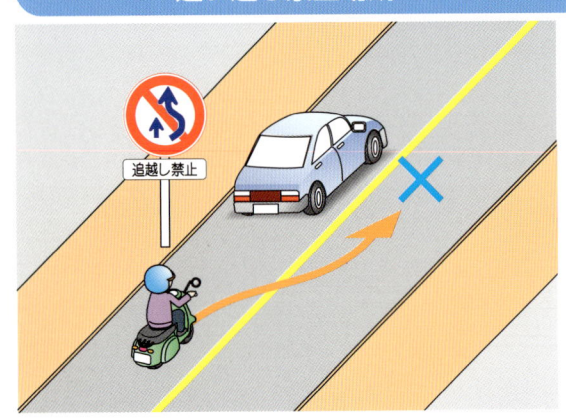

「追越し禁止」の標識がある場所。

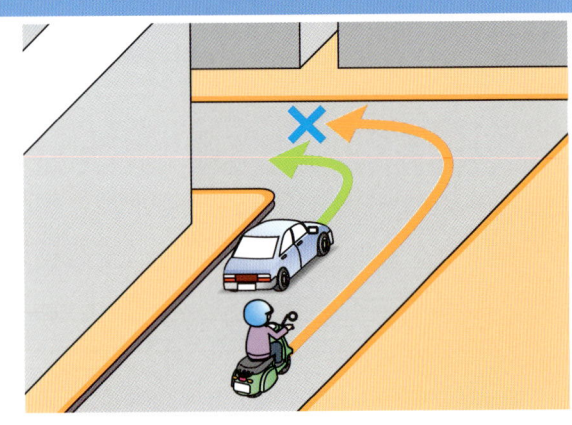

道路の曲がり角付近。

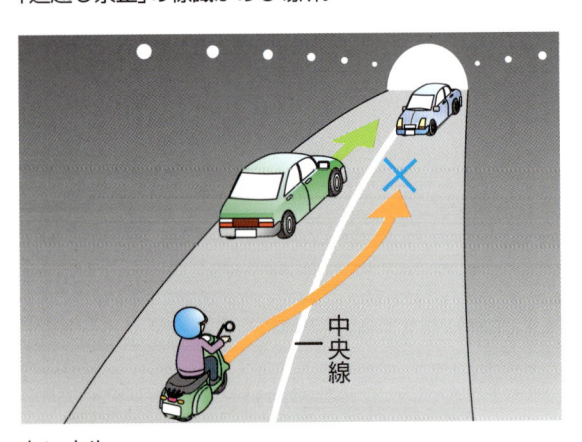

トンネル。
ここが合否を分ける！ 車両通行帯がある場合は、禁止されていない。

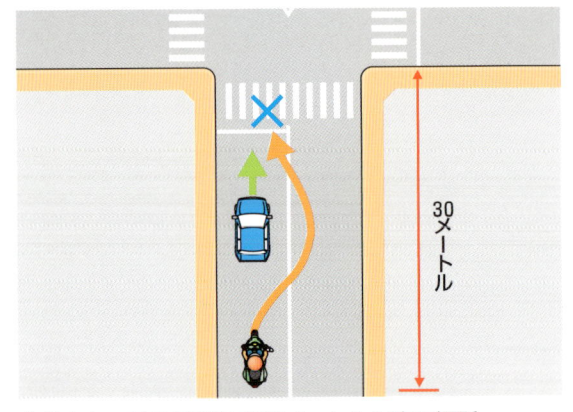

交差点と、その手前から30メートル以内の場所。
ここが合否を分ける！ 優先道路を通行している場合は、禁止されていない。

右側部分にはみ出して追い越しをしてはいけないとき

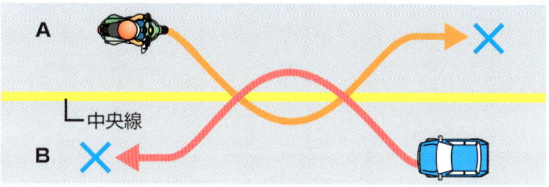

A・Bどちら側の車も、右側部分にはみ出して追い越しをしてはいけない。

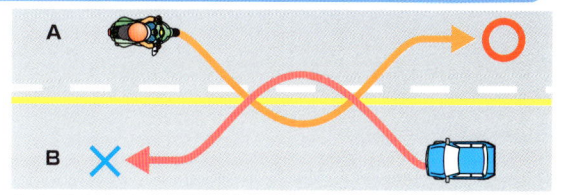

Aの側の車は、右側部分にはみ出して追い越しをすることができる。

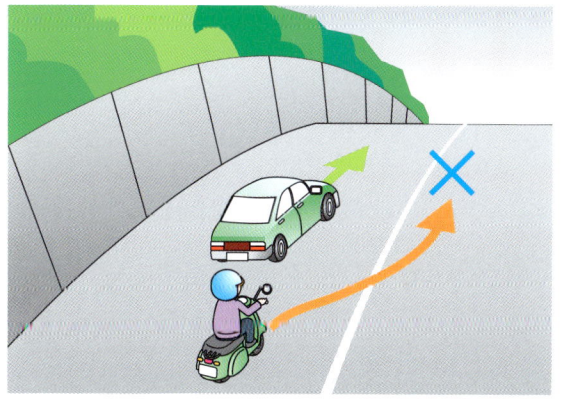

上り坂の頂上付近。

こう配の急な下り坂。

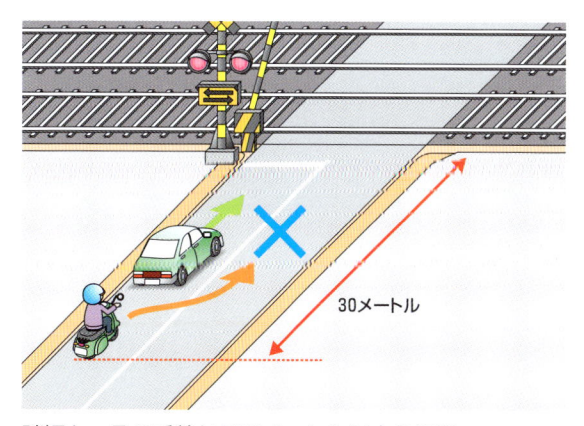

踏切と、その手前から30メートル以内の場所。

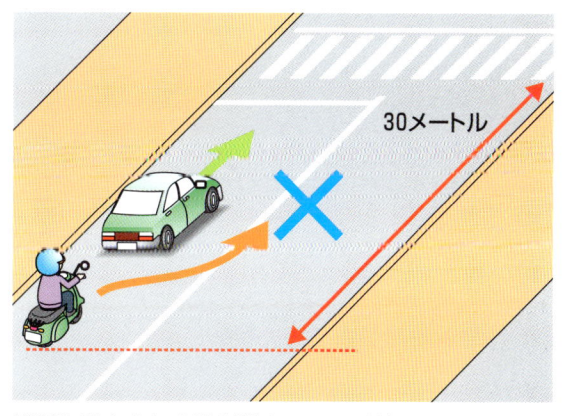

横断歩道や自転車横断帯と、その手前から30メートル以内の場所。

3 交差点の通行と右左折の方法

追い越し・交差点・駐停車

頻出問題 ➡ P66

絶対に覚えたい！重要ポイント

左折するとき ➡ あらかじめ道路の左端に寄って徐行する！
右折するとき ➡ 原付は小回りと二段階の2種類の方法がある！
信号のない交差点 ➡ 原付はつねに小回りの方法で右折する！

交差点を通行するとき

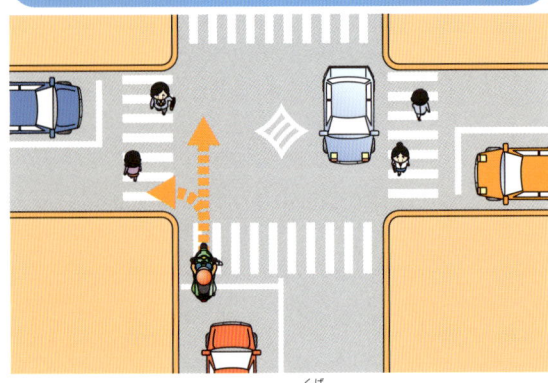

ほかの車や歩行者などに気を配りながら、安全な速度と方法で通行する。

左折の方法

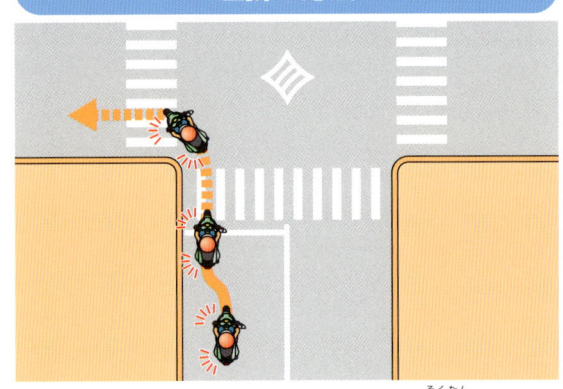

あらかじめ道路の左端に寄り、交差点の側端に沿って徐行しながら通行する。

右折の方法（小回り）

あらかじめ道路の中央に寄り、交差点の中心のすぐ内側を徐行しながら通行する。

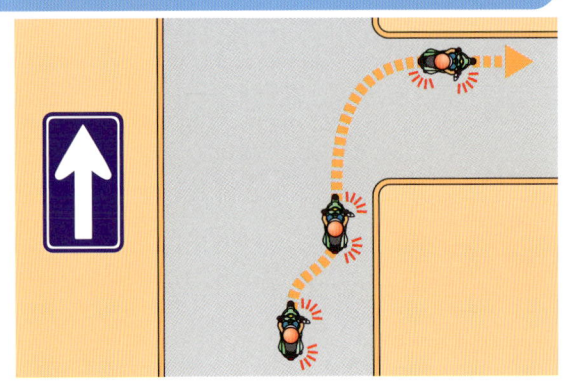

一方通行の道路では、あらかじめ道路の右端に寄り、交差点の中心の内側を徐行しながら通行する。

原付が二段階右折しなければならない交差点

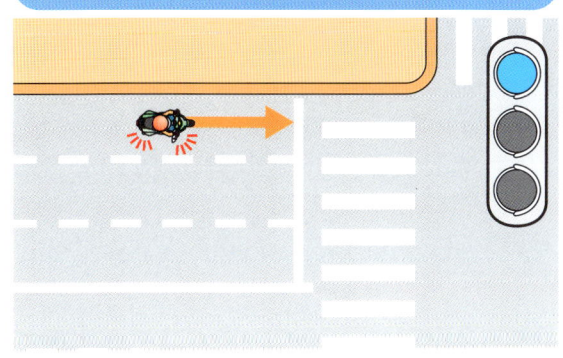

交通整理の行われている、車両通行帯が3つ以上ある道路の交差点。

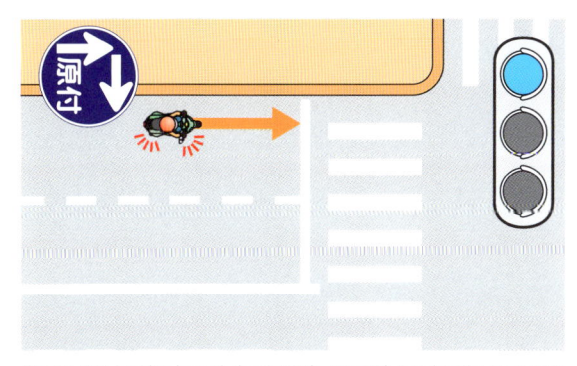

「原動機付自転車の右折方法（二段階）」の標識がある道路の交差点。

二段階右折の方法

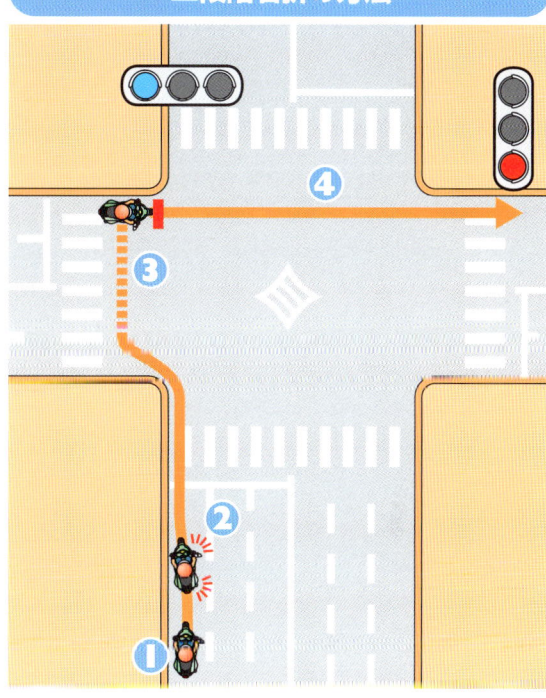

❶ あらかじめ、できるだけ道路の左端に寄る。
❷ 交差点の30メートル手前の地点で右折の合図を出す。
❸ 交差点の向こう側までまっすぐ進み、その地点で止まって向きを変え、合図をやめる。
❹ 前方の信号が青になってから進む。

さらに得点UP！

二段階右折してはいけない交差点

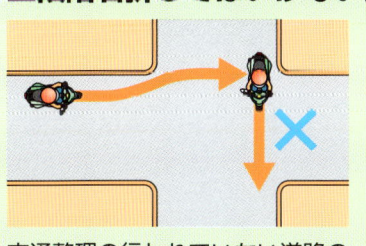

交通整理の行われていない道路の交差点。

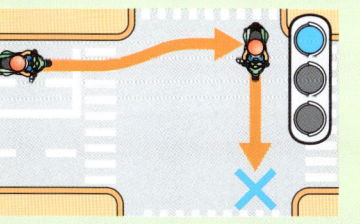

車両通行帯が2つ以下の道路の交差点。

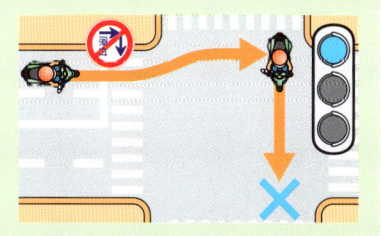

「原動機付自転車の右折方法（小回り）」の標識がある道路の交差点。

4 交差点での注意事項と優先関係

追い越し・交差点・駐停車

頻出問題 ▶ P66

絶対に覚えたい！重要ポイント

右折するとき ➡ 先に交差点に入っていても、直進車・左折車が優先！
信号がない交差点 ➡ 幅の広い道路の車、路面電車が優先！
信号がなく同じ道幅の交差点 ➡ 左方の車、または路面電車が優先！

左折するときに注意すること

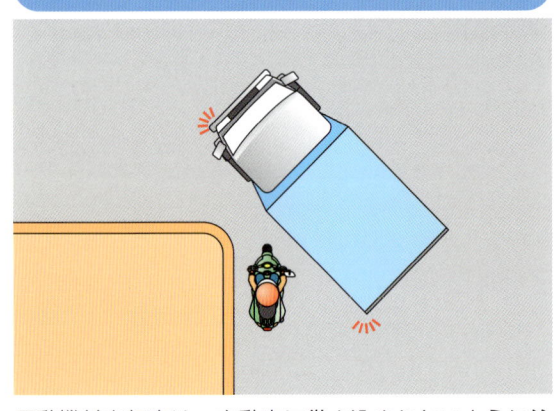

原動機付自転車は、自動車に巻き込まれないように注意する。

右折するときに注意すること

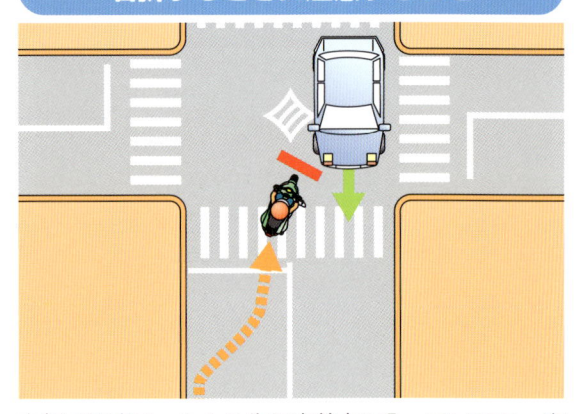

右折する車は、たとえ先に交差点に入っていても、直進車・左折車の進行を妨げてはいけない。

標識で進行方向が指定されているとき

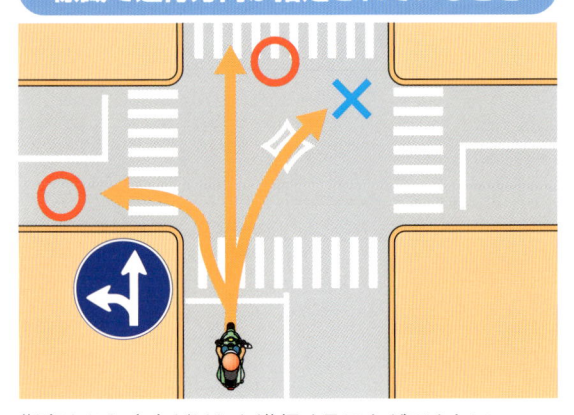

指定された方向だけしか進行することができない。

環状交差点の通行方法

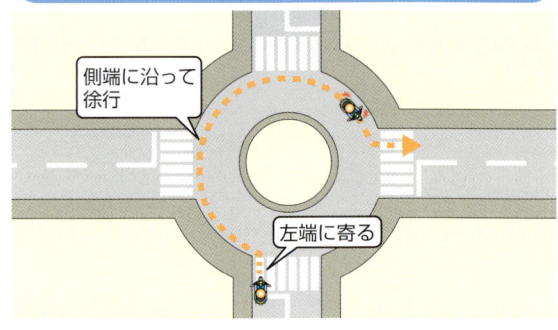

側端に沿って徐行
左端に寄る

あらかじめ道路の左端に寄り、環状交差点の側端に沿って徐行する。環状交差点に入ろうとするときは、環状交差点内の車などの進行を妨げてはいけない。

交通整理の行われていない交差点の優先関係

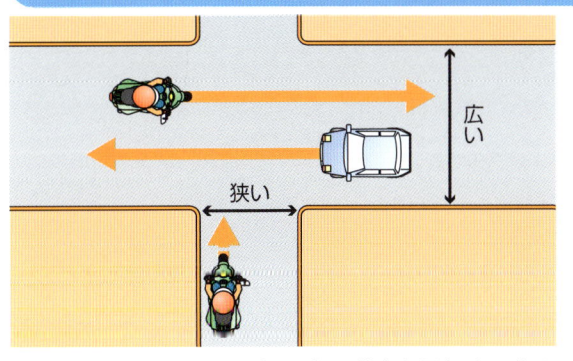

道幅が異なる道路では、幅の広い道路を通行する車や路面電車の進行を妨げてはいけない。

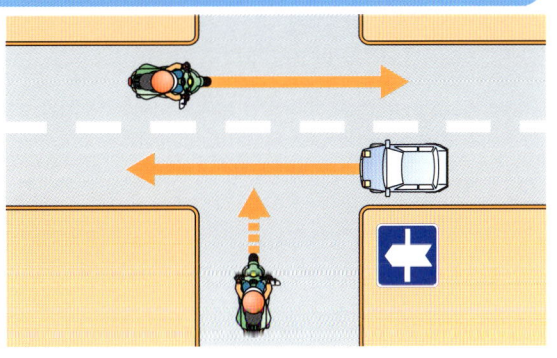

優先道路を通行する車や路面電車の進行を妨げてはいけない。

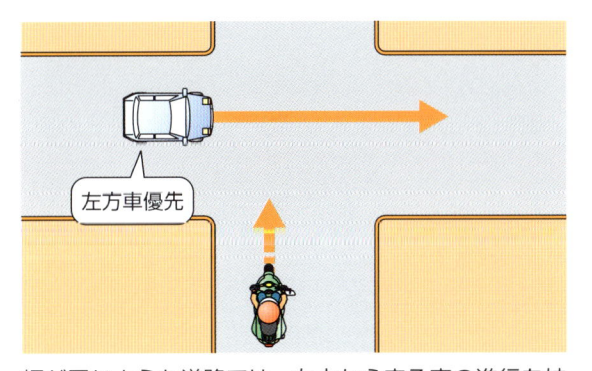

幅が同じような道路では、左方から来る車の進行を妨げてはいけない。

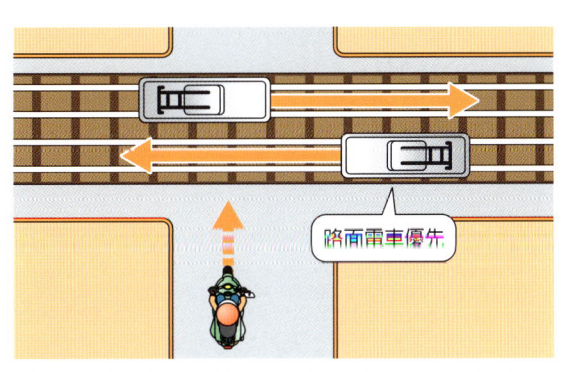

幅が同じような道路では、左方・右方に関係なく、路面電車の進行を妨げてはいけない。

さらに得点UP!

「内輪差」とは？

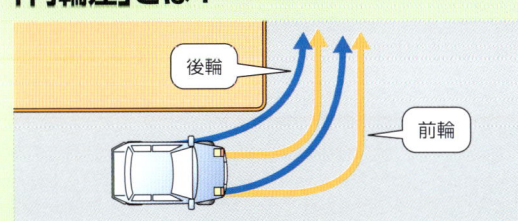

車が曲がるとき、後輪（→）が前輪（→）より内側を通ることによる、前後輪の軌跡の差のことをいう。

環状交差点の意味と通行方法

・環状交差点とは、車両が通行する部分が環状（円形）の交差点であり、標識などにより車両が右回りに通行することが指定されているものをいう。
・環状交差点では、道路の左端に寄って徐行する。
・環状交差点から出るときは、出ようとする地点の直前の出口の側方を通過したとき（環状交差点に入った直後の出口を出る場合は、その交差点に入ったとき）に左折の合図を行う。入るときは合図を行わない。

追い越し・交差点・駐停車　頻出問題 ▶ P66

5 駐車・停車の意味と駐車が禁止されている場所

絶対に覚えたい！重要ポイント

人の乗り降りの停止 ⇨ 時間に関係なく「停車」！
荷物の積みおろしの停止 ⇨ 5分を超えると「駐車」、5分以内は「停車」！
駐車禁止場所 ⇨ 6か所のうち、3か所が消防関係の場所！

駐車になる場合

車が継続的に停止すること、運転者が車から離れてすぐに運転できない状態で停止することをいう。

人や荷物を待つための停止。

5分を超える荷物の積みおろしのための停止。

故障など、すぐに運転できない状態での停止。

停車になる場合

駐車にあたらない、短時間の停止のことをいう。

人の乗り降りのための停止。
ここが合否を分ける！ 時間の長短にかかわらず、停車になる。

すぐに運転できる、5分以内の荷物の積みおろしのための停止。

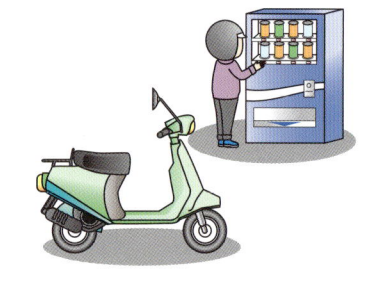

車から離れない、または離れてもすぐに運転できる状態での停止。

駐車禁止場所

「駐車禁止」の標識・標示がある場所。

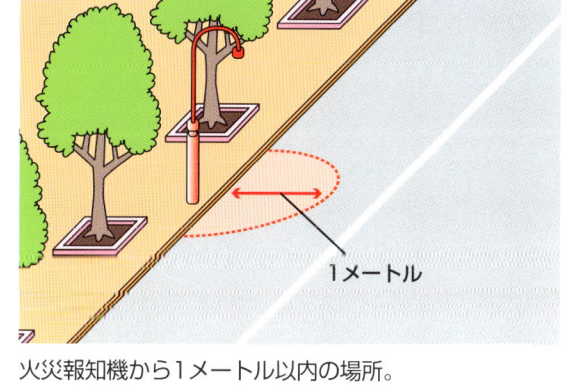

火災報知機から1メートル以内の場所。

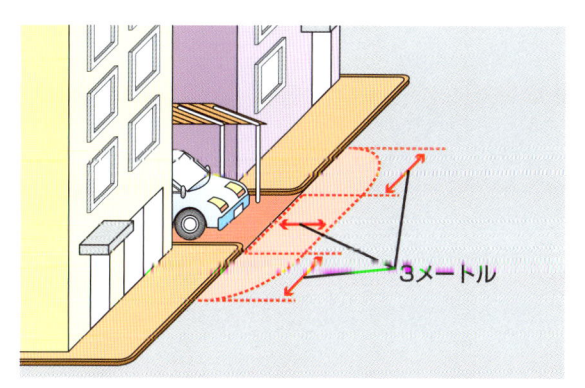

駐車場や車庫など、自動車専用の出入口から3メートル以内の場所。

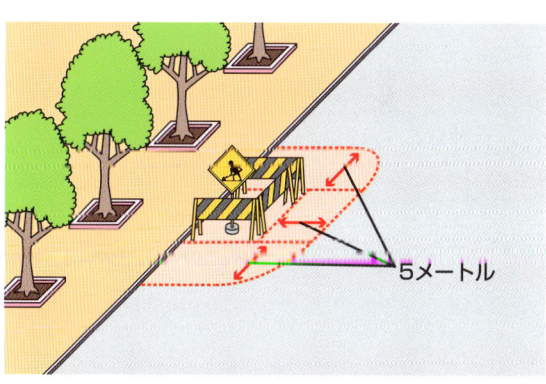

道路工事区域の端から5メートル以内の場所。

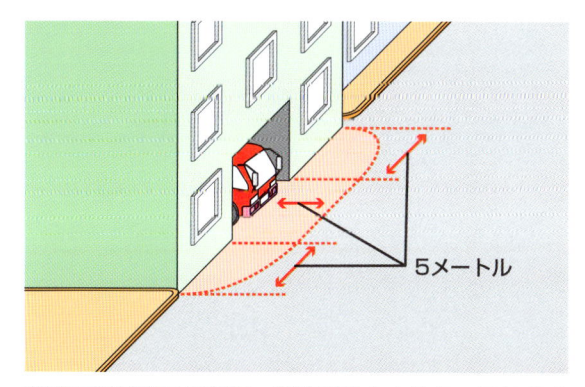

消防用機械器具の置場、消防用防火水そう、これらの道路に接する出入口から5メートル以内の場所。

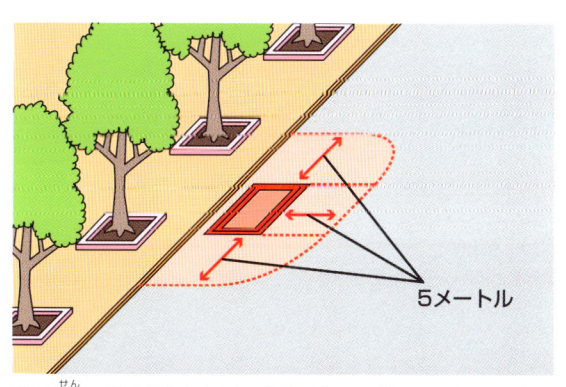

消火栓、指定消防水利の標識がある位置、消防用防火水そうの取入口から5メートル以内の場所。

6 駐車も停車も禁止されている場所

追い越し・交差点・駐停車

頻出問題 ▶ P66

絶対に覚えたい！重要ポイント

こう配の急な坂 ➡ 上りも下りも駐停車禁止！
5メートル以内が禁止 ➡ 交差点、曲がり角、横断歩道、自転車横断帯！
10メートル以内が禁止 ➡ 踏切、安全地帯、バスなどの停留所！

駐停車禁止場所

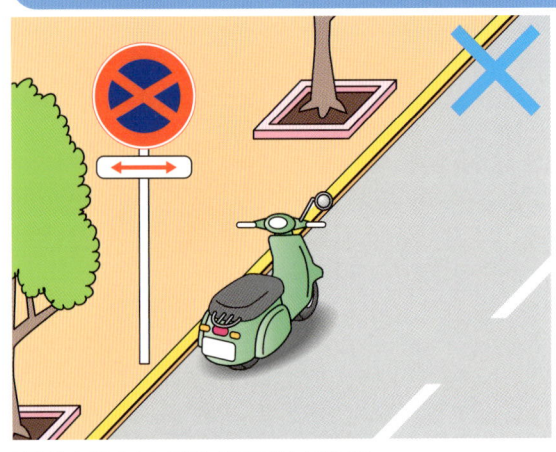

「駐停車禁止」の標識・標示がある場所。

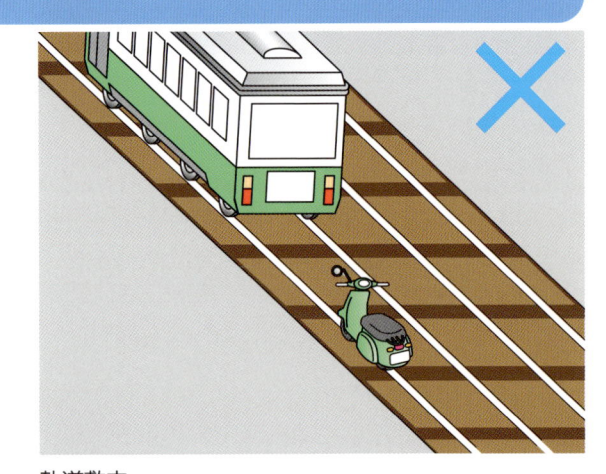

軌道敷内。

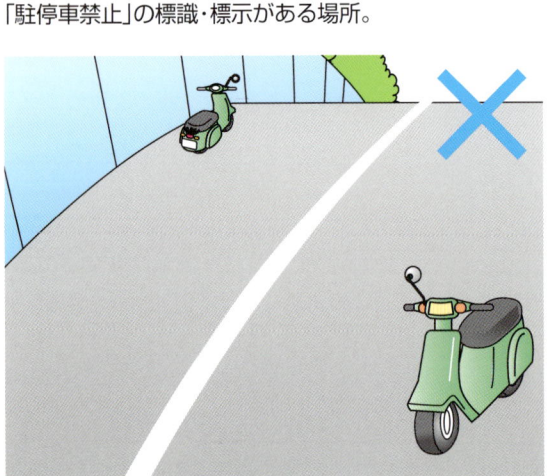

坂の頂上付近やこう配の急な坂。

トンネル。

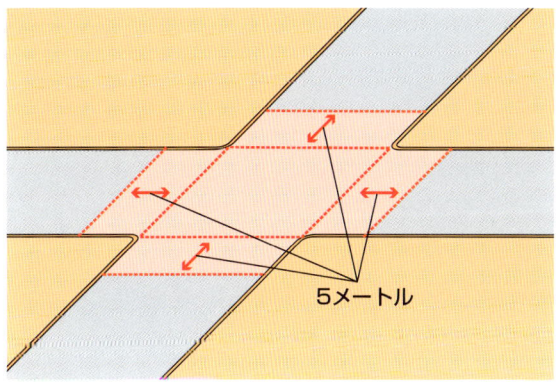

交差点と、その端から5メートル以内の場所。

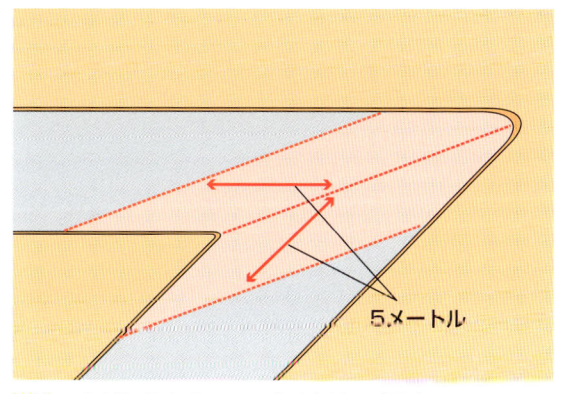

道路の曲がり角から5メートル以内の場所。

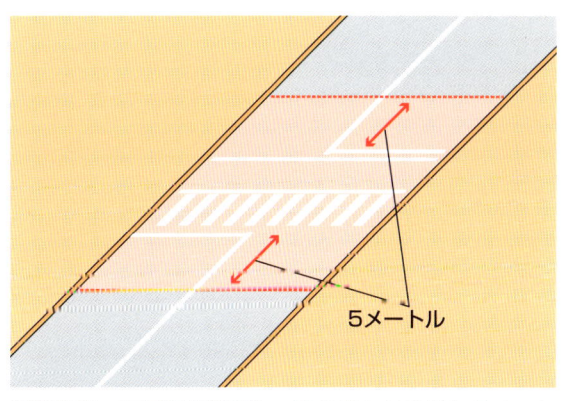

横断歩道、自転車横断帯と、その端から前後に5メートル以内の場所。

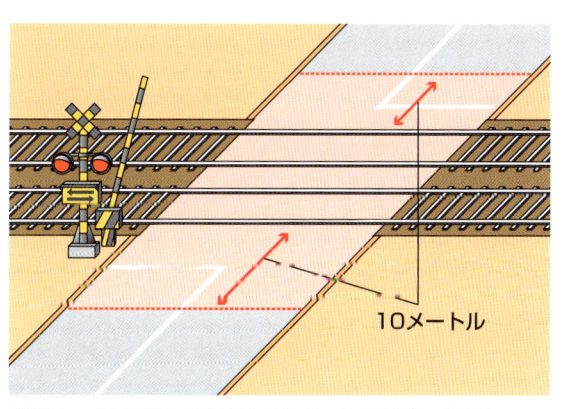

踏切と、その端から前後に10メートル以内の場所。

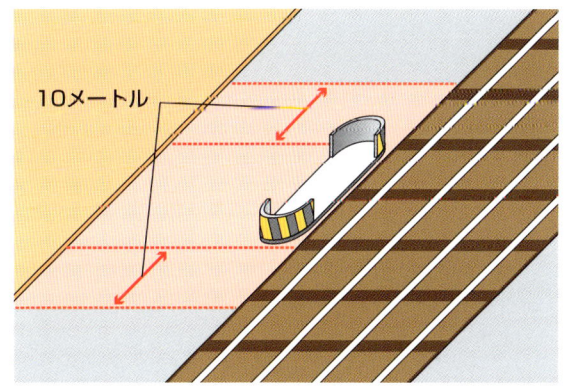

安全地帯の左側と、その前後10メートル以内の場所。

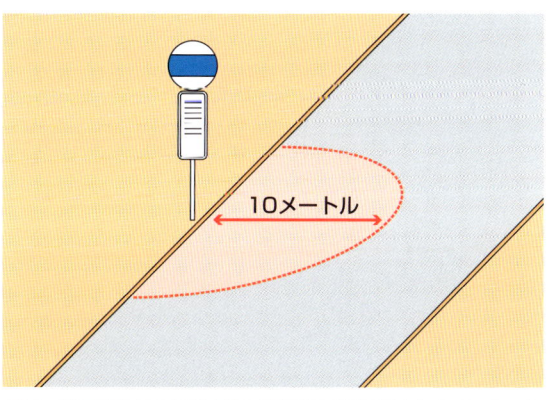

バス、路面電車の停留所の標示板（標示柱）から10メートル以内の場所（運行時間中のみ）。

7 駐車余地と駐停車の方法

追い越し・交差点・駐停車

頻出問題 ▶ P66

絶対に覚えたい！重要ポイント

無余地駐車の例外 ⇨ 荷物の積みおろし、傷病者の救護の2つのケース！
歩道や路側帯のない道路 ⇨ 左側に余地を残さず、道路の左端に沿う！
路側帯の中に止められるとき ⇨ 幅が0.75メートルを超える白線1本の場所！

無余地駐車の禁止

3.5メートル未満

駐車したとき、車の右側の道路上に3.5メートル以上の余地を残せない場所では、駐車してはいけない。

駐車余地6m

6メートル未満

標識で余地が指定されているときは、その余地を残さなければならない。

右側に余地がなくても駐車できるとき

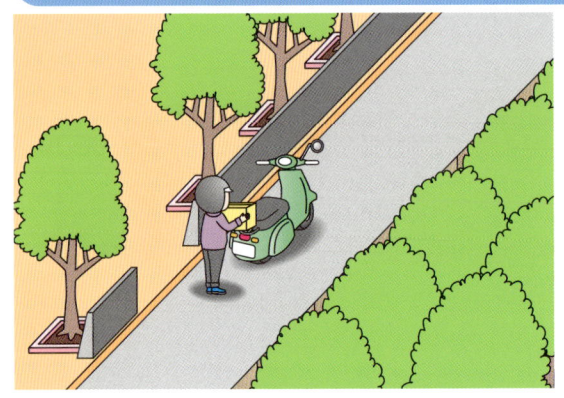

荷物の積みおろしで、運転者がすぐ運転できるとき。

傷病者の救護のため、やむを得ないとき。

駐停車の方法

歩道や路側帯のない道路では、道路の左端に沿って止める。

歩道のある道路では、車道の左端に沿って止める。

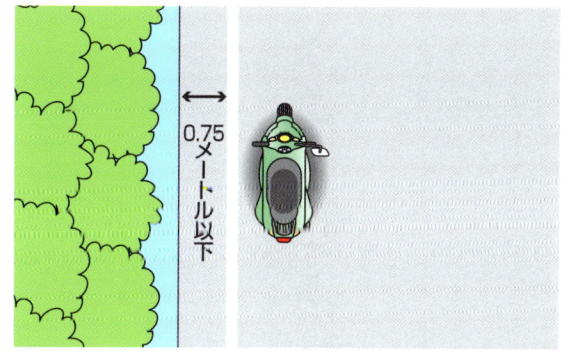

幅が0.75メートル以下の路側帯では、車道の左端に沿って止める。

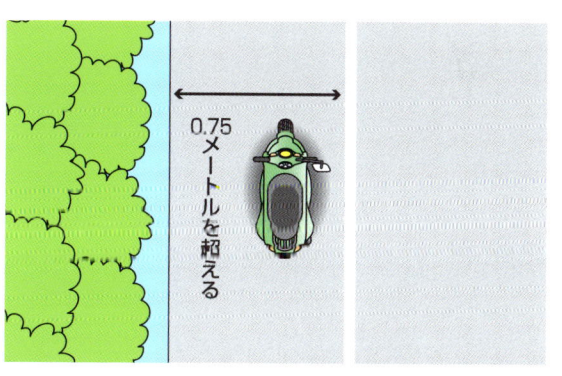

幅が0.75メートルを超える広い路側帯では、中に入り、車の左側に0.75メートル以上の余地を残して止める。

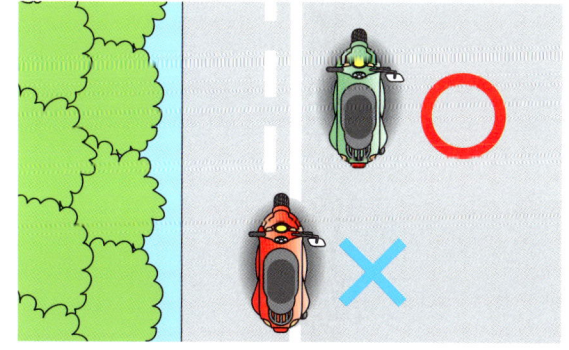

白の実線と破線は「駐停車禁止路側帯」なので、中に入らず、車道の左端に沿って止める。

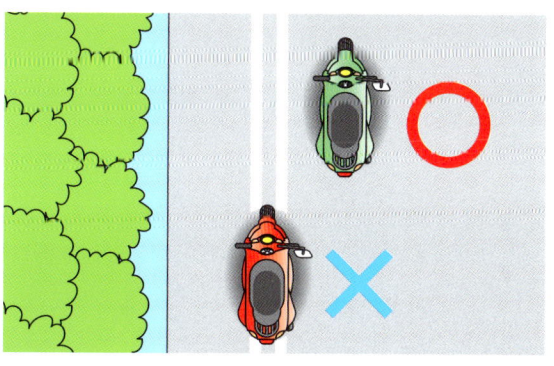

白の2本線は「歩行者用路側帯」なので、中に入らず、車道の左端に沿って止める。

追い越し・交差点・駐停車
丸暗記したい頻出問題 20

- ☐ 問1　追い越しをする場合、前車が右折するため道路の中央に寄って通行しているときは、その左側を通行する。
- ☐ 問2　前を走る原動機付自転車が自動車を追い越そうとしているときは、その原動機付自転車を追い越してはならない。
- ☐ 問3　トンネルは危険な場所なので、車両通行帯がある場合でも、追い越しが禁止されている。
- ☐ 問4　交差点の手前から30メートル以内の場所は、優先道路を通行している場合でも、追い越しをすることができない。
- ☐ 問5　上り坂の頂上付近とこう配の急な下り坂では追い越しをしてはならないが、こう配の急な上り坂では追い越しをしてもよい。
- ☐ 問6　一方通行の道路で右折する自動車は、あらかじめ道路の中央に寄り、交差点の中心のすぐ内側を徐行しなければならない。
- ☐ 問7　交差点で右折する原動機付自転車は、どんな場合も二段階右折しなければならない。
- ☐ 問8　信号機のある片側3車線の道路で右折する原動機付自転車は、標識による指定がなければ、二段階右折しなければならない。
- ☐ 問9　交通整理の行われていない道路の交差点では、道幅に関係なく、車より路面電車が優先する。
- ☐ 問10　交通整理の行われていない道幅が同じ交差点では、左方から来る車、または路面電車の進行を妨げてはならない。
- ☐ 問11　人の乗り降りのための停止は停車になるが、人を待つために車を止める行為は駐車になる。
- ☐ 問12　駐車禁止の場所で、荷物の積みおろしをするために5分間、車から離れずに停止した。
- ☐ 問13　車庫の出入口から3メートル以内には駐車してはならないが、自宅の車庫の前であれば駐車してもかまわない。
- ☐ 問14　軌道敷内には駐停車してはならないが、路面電車の運行が終了すれば、軌道敷内に駐停車することができる。
- ☐ 問15　トンネル内は暗くて危険なので、車両通行帯がある道路でも、駐車や停車をしてはならない。

ヒント

- 問1　原則は右側を追い越す！
- 問2　二重追い越しの意味は？
- 問3　車両通行帯があってもダメ？
- 問4　優先道路でも追い越し禁止？
- 問5　上り下りのどちらが禁止？
- 問6　道路の中央でよい？
- 問7　自動車と同じ方法の場合はない？
- 問8　2車線では小回り右折！
- 問9　幅が広い道路の車は？
- 問10　優先するのは左方、右方？
- 問11　人の乗り降りと人待ちは違う！
- 問12　荷物の積みおろしは時間が重要！
- 問13　自宅の車庫は例外になる？
- 問14　運行時間に関係がある？
- 問15　通行帯があれば駐停車できる？

☐ 問16	道路の曲がり角付近は、見通しのよし悪しに関係なく、駐停車が禁止されている。	問16 見通しがよい場合は止められる？
☐ 問17	横断歩道の手前5メートル以内には駐停車してはならないが、その先の5メートル以内には駐停車してもかまわない。	問17 禁止されているのは手前、前後？
☐ 問18	傷病者を救護するためやむを得ない場合は、車の右側の道路上に3.5メートル以上の余地がなくても駐車することができる。	問18 駐車余地の例外は2つ！
☐ 問19	歩道や路側帯のない道路に駐停車するときは、車の左側に0.75メートル以上の余地を残さなければならない。	問19 余地を残す必要がある？
☐ 問20	歩行者用路側帯は、その幅が広い場合でも、中に入って駐停車してはならない。	問20 2本線の路側帯で入れる場合がある？

正解とポイントチェック

問1	○	車を追い越すときは右側を通行するのが原則ですが、設問の場合は左側を通行します。➡P52
問2	○	前車が自動車を追い越そうとしているときは、追い越しをしてはいけません。➡P53
問3	×	車両通行帯があるトンネルは、追い越しが禁止されていません。➡P54
問4	×	優先道路を通行している車は、交差点の手前30メートル以内の場所でも追い越しができます。➡P54
問5	○	こう配の急な上り坂は、追い越し禁止の場所ではありません。➡P55
問6	×	一方通行の道路では、あらかじめ道路の右端に寄り、交差点の中心の内側を徐行します。➡P56
問7	×	交通整理の行われていない交差点などでは、自動車と同じ方法で右折します。➡P57
問8	○	設問の交差点では、二段階の方法で右折しなければなりません。➡P57
問9	×	道幅が異なる場合は、幅が広い道路を通行する交通が優先します。➡P59
問10	○	同じ道幅の交差点では、左方から来る車、または路面電車が優先します。➡P59
問11	○	時間に関係なく、人の乗り降りは停車、人待ちは駐車になります。➡P60
問12	○	5分以内の荷物の積みおろしは停車になるので、駐車禁止の場所でも止められます。➡P60
問13	×	自宅の車庫でも、3メートル以内には駐車してはいけません。➡P61
問14	×	運行時間にかかわらず、軌道敷内は終日、駐停車禁止場所です。➡P62
問15	○	車両通行帯の有無にかかわらず、トンネルは駐停車禁止場所です。➡P62
問16	○	見通しに関係なく、道路の曲がり角付近では駐停車してはいけません。➡P63
問17	×	手前の5メートル以内だけでなく、その先の5メートル以内も駐停車が禁止されています。➡P63
問18	○	設問のような場合は、3.5メートル以上の余地がなくても駐車できます。➡P64
問19	×	余地を残さずに、道路の左端に沿って車を止めます。➡P65
問20	○	白線2本の歩行者用路側帯は、中に入って駐停車してはいけません。➡P65

1 踏切の通行方法

危険な場所・場合の運転　頻出問題 ⇒ P80

絶対に覚えたい！重要ポイント

青信号のとき ⇨ 安全を確認すれば、一時停止しないで通過できる！
エンスト防止 ⇨ 変速せずに、発進したときの低速ギアのまま通過する！
落輪防止 ⇨ 対向車などに注意して、踏切のやや中央寄りを通行する！

踏切を通過するとき

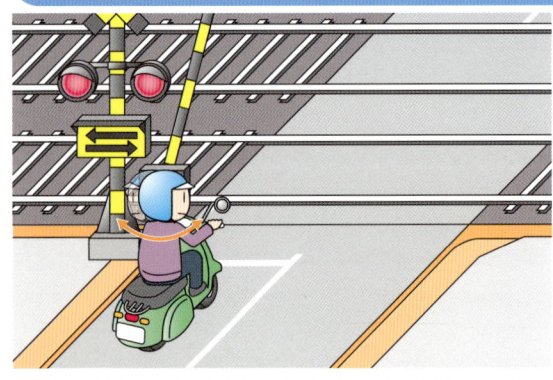

踏切の直前で一時停止し、左右の安全を確認しなければならない。

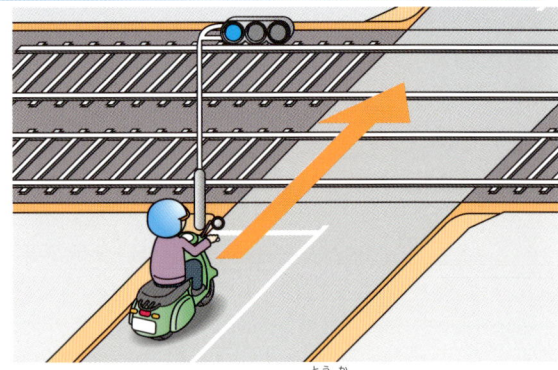

踏切に信号機があり、青色の灯火の場合は、一時停止せずに通過できる。

ここが合否を分ける！ 一時停止は必要ないが、安全確認はしなければならない。

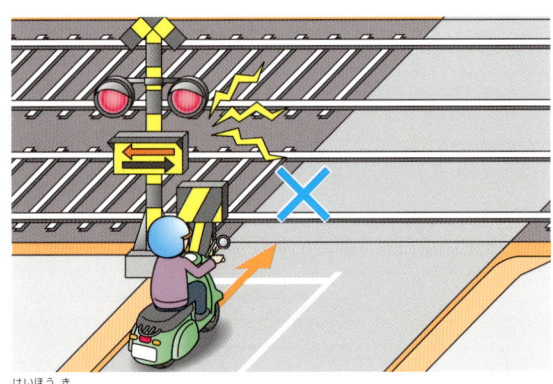

警報機が鳴っているときは、踏切に入ってはいけない。

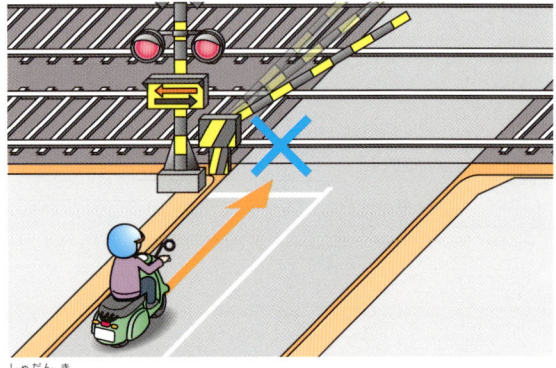

遮断機が降りているとき、降り始めているときは、踏切に入ってはいけない。

踏切を通過中に注意すること

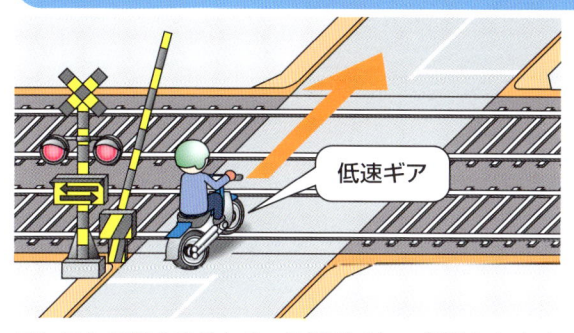

エンストを防止するため、変速せずに、発進したときの低速ギアのまま一気に通過する。

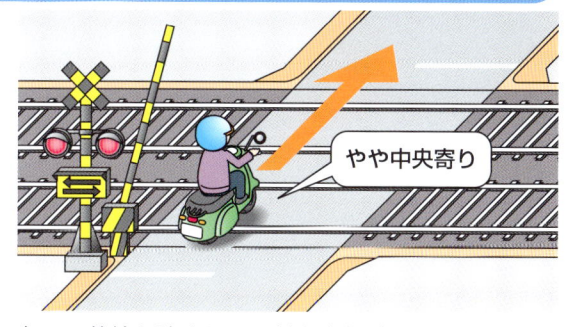

左への落輪を防ぐため、対向車などに注意しながら、やや中央寄りを通行する。

踏切内で故障したとき

踏切支障報知装置などで、列車の運転士に知らせる。

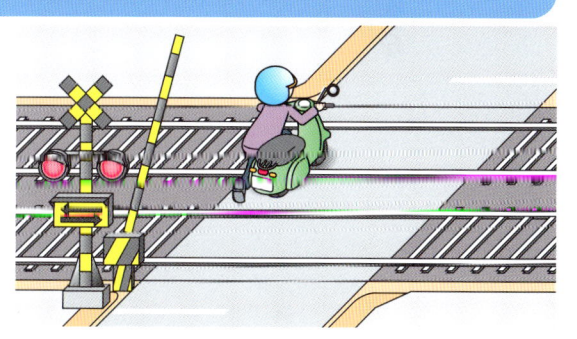

原動機付自転車は車体が小さいので、押し歩いて踏切の外に移動させる。

さらに得点UP！

踏切の先が混雑しているとき

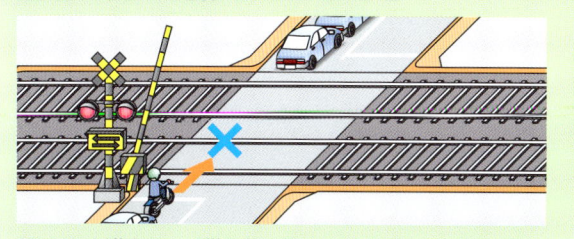

そのまま進むと、踏切内で動きがとれなくなるおそれがあるときは、踏切に入ってはいけない。

安全確認するとき

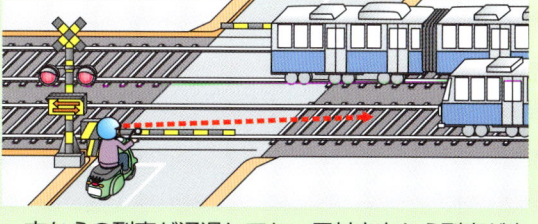

一方からの列車が通過しても、反対方向から列車が来ていることがあるので注意する。

2 危険な場所・場合の運転
坂道・カーブの通行方法

頻出問題 ⇒ P80

絶対に覚えたい！重要ポイント

狭い坂道での行き違い ⇨ 下りの車が上りの車に道を譲るのが原則！
待避所があるとき ⇨ 上りの車でもそこに入って道を譲る！
片側ががけの狭い山道 ⇨ がけ側の車が停止して道を譲る！

上り坂では

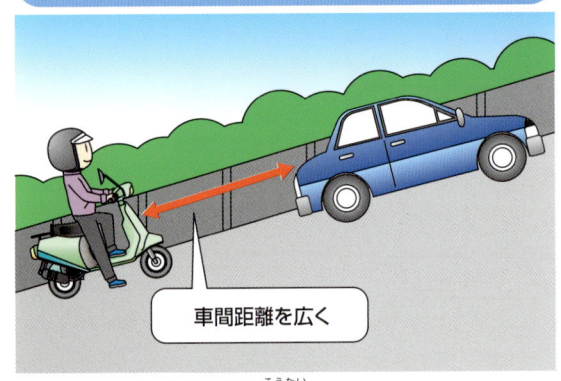

車間距離を広く

停止するときは、前車が後退してくることを考えて接近しすぎない。

下り坂では

エンジンブレーキ

車間距離を広くとり、エンジンブレーキを活用する。

狭い坂道では

下りの車が、発進のむずかしい上りの車に道を譲る。

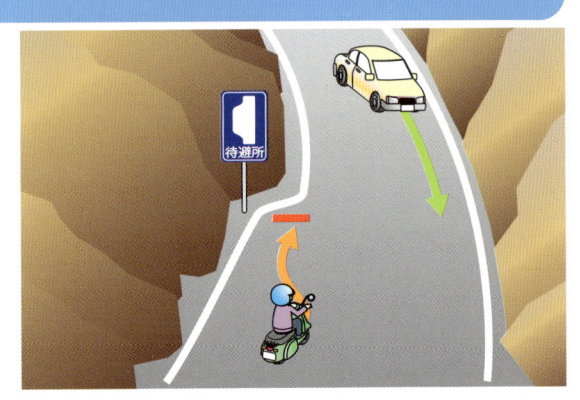

近くに待避所があるときは、上りの車でもそこに入って道を譲る。

山道では

端に寄りすぎない

路肩が崩れやすくなっている場合があるので、路肩に寄りすぎない。

片側が転落の危険のあるがけになっている狭い道路で行き違うときは、がけ側の車が安全な場所に停止して道を譲る。

カーブでは

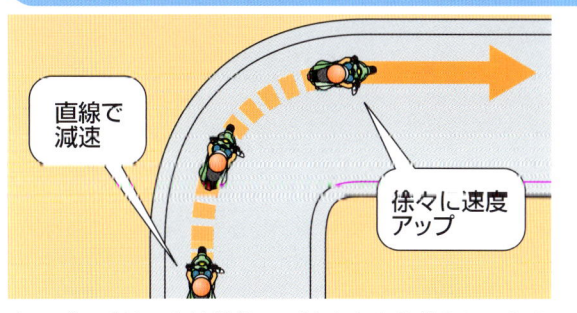

直線で減速

徐々に速度アップ

カーブの手前の直線部分で、速度を十分落としてからカーブに入る。

ハンドルを切るのではなく、車体を傾けて自然に曲がるようにする。

さらに得点UP！

坂の頂上付近とこう配の急な下り坂

徐行場所。

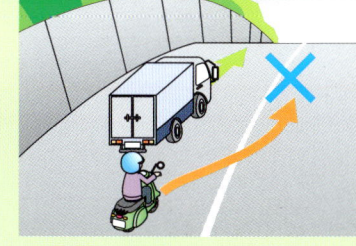

追い越し禁止場所。

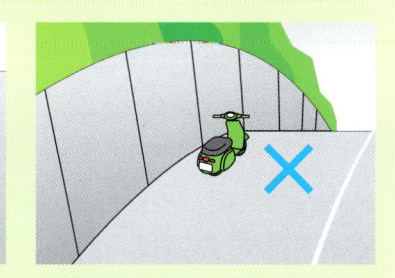

駐停車禁止場所。

3 危険な場所・場合の運転
夜間の運転と灯火のルール

頻出問題 ➡ P80

絶対に覚えたい！重要ポイント

対向車のライトがまぶしいとき ➡ 視点を左前方に移す！
昼間でも灯火をつけるとき ➡ 50メートル先が見えないようなとき！
交通量の多い市街地 ➡ つねに前照灯を下向きに切り替える！

夜間運転するときの注意事項

速度を落とす

視界が悪く危険なので、昼間より速度を落として運転する。

左前方を見る

対向車のライトがまぶしいときは、視点を左前方に移して、目がくらまないようにする。

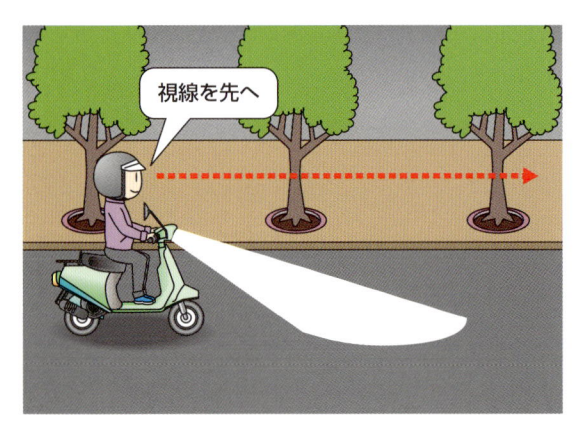

視線を先へ

視線をできるだけ先のほうへ向け、前方の障害物を早く発見するようにする。

前車の制動灯に注意して運転する。

灯火をつけなければならないとき

夜間、道路を通行するとき。

昼間でも、トンネル内や濃い霧などで50メートル先が見えないようなとき。

前照灯を操作するとき

対向車と行き違うときは、前照灯を減光するか、下向きに切り替える。

ほかの車の直後を通行するときも、前照灯を減光するか、下向きに切り替える。

交通量の多い市街地の道路では、つねに前照灯を下向きに切り替える。

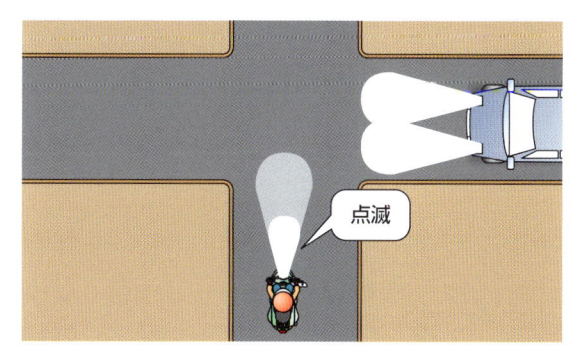

見通しの悪い交差点などでは、前照灯を上向きにするか点滅させて、接近を知らせる。

点滅

73

4 悪天候時の運転

危険な場所・場合の運転　頻出問題 ▶ P80

絶対に覚えたい！重要ポイント

雨の日の運転 ➡ 速度を落とし、車間距離を十分とる！
霧が出たときの運転 ➡ 前照灯を下向きにつけ、必要に応じて警音器を使う！
雪道での運転 ➡ 車の通った跡（わだち）を通る！

雨の日の運転で注意すること

晴れの日よりも速度を落とし、車間距離を十分とって運転する。

急ブレーキや急ハンドルは、横滑りの原因になるのでしてはいけない。

雨の降り始めの舗装道路はスリップしやすいので、注意して運転する。

工事現場の鉄板、路面電車のレールは滑りやすいので、慎重に通行する。

雨の日に歩行者のそばを通るとき

速度を落とし、歩行者などに泥や水をはねないようにする。

ぬかるみ、じゃり道を通行するとき

低速ギアに入れ、スロットルで速度を一定に保ち、バランスをとりながら通行する。

霧が出たとき

前照灯を早めにつけ、前車の尾灯を目安にして速度を落として走行する。

ここが合否を分ける! 見通しが悪くて危険なので、必要に応じて警音器を使用する。

雪道を走るとき

急ハンドルや急ブレーキは避け、車の通った跡（わだち）を選んで走行する。

さらに得点UP!

深い水たまりは避ける

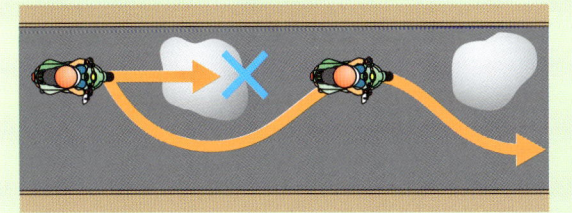

ハンドルをとられたり、ブレーキが効きにくくなることがある。

霧の日は前照灯を下向きにつける

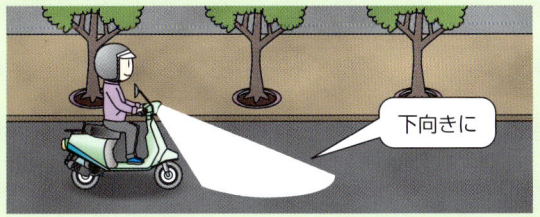

下向きに

上向きにすると霧に乱反射して、かえって見通しが悪くなる。

5 危険な場所・場合の運転
緊急事態が発生したとき

頻出問題 ➡ P80

絶対に覚えたい！重要ポイント

タイヤがパンク ➡ ハンドルをしっかり握り、断続ブレーキ！
ブレーキが効かない ➡ 減速チェンジして、エンジンブレーキを活用！
後輪が横滑り ➡ 後輪が滑った方向にハンドルを切る！

エンジンの回転が上がって下がらなくなったとき

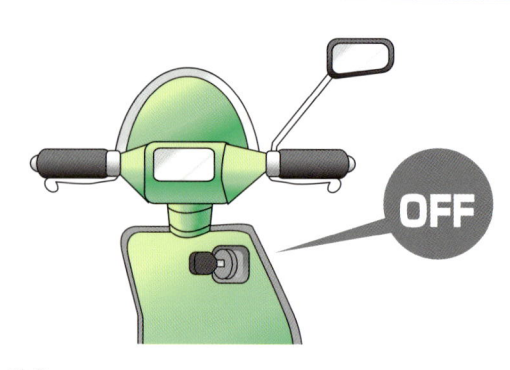

点火スイッチを切って、エンジンの回転数を止める。

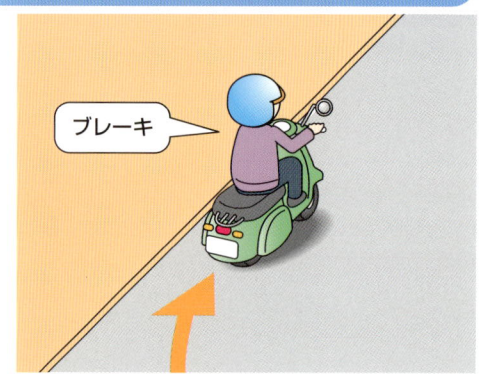

ブレーキをかけて速度を落とし、道路の左側に車を止める。

走行中にタイヤがパンクしたとき

ハンドルをしっかり握り、車の方向をまっすぐ保つようにする。

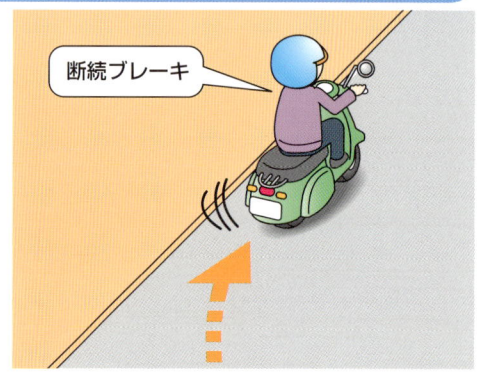

急ブレーキは避け、断続的にブレーキをかけて速度を落とす。

下り坂でブレーキが効かなくなったとき

手早く減速チェンジして、エンジンブレーキを効かせて速度を落とす。

減速しない場合は、道路わきのじゃりなどに突っ込んで車を止める。

対向車と正面衝突のおそれがあるとき

警音器とブレーキを使い、できる限り左側によける。

道路外が安全な場所であれば、そこに出て対向車との衝突を避ける。

後輪が横滑りしたとき

スロットルを戻し、後輪が滑った方向にハンドルを切って、車の向きを立て直す。

タイヤがから回りしたとき

路面とタイヤの間に、木片やタオルなどを敷いて脱出する。

6 交通事故、大地震が起きたとき

危険な場所・場合の運転

頻出問題 ➡ P80

絶対に覚えたい！重要ポイント

交通事故のときの措置 ➪ 続発防止・負傷者の救護・警察官への報告！
大地震が起きたとき ➪ できるだけ道路外の場所に車を止める！
道路上に置く場合 ➪ エンジンを止め、キーはつけたままにしておく！

交通事故が起きたときの措置法

安全な場所に車を移動して、エンジンを切る。

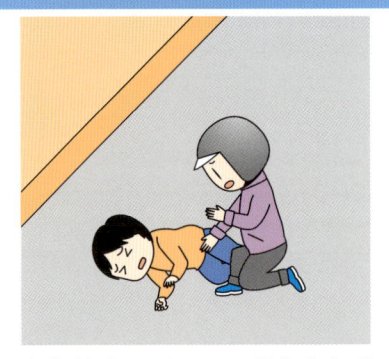

負傷者がいるときは、救急車を呼ぶとともに、止血などの応急救護措置を行う。

事故の発生状況などを、警察官に報告する。

交通事故の現場に居合わせたとき

負傷者の救護、車両の移動などに、すすんで協力する。

事故現場はガソリンが流れ出ていることがあるので、たばこを吸ったりしない。

大地震が発生したとき

急ブレーキや急ハンドルを避け、ハンドルをしっかり握り、安全な方法で道路の左端に停止させる。

避難するときは、できるだけ道路外の場所に車を移動させる。

やむを得ず車を道路上に置いて避難するときは、エンジンを止め、移動しやすいようにキーはつけたままにしておく。

避難するときは、やむを得ない場合を除き、車を使用してはいけない。

さらに得点UP!

交通事故のときの注意点

程度が軽い場合でも、必ず警察官に届け出なければならない。

頭部に衝撃を受けたときは、後遺症が出ることがあるので、医師の診察を受ける。

危険な場所・場合の運転
丸暗記したい頻出問題 20

- [ ] 問1　踏切に信号機があり、青色の灯火を示しているときは、その直前で一時停止しないで通過できる。
- [ ] 問2　踏切を通過するときは、対向車に注意して、踏切の左端を通行するのがよい。
- [ ] 問3　変速装置のある原動機付自転車が踏切を通過するときは、ギアチェンジをしたほうがよい。
- [ ] 問4　狭い坂道での行き違いは、下りの車が上りの車に道を譲るのが原則である。
- [ ] 問5　片側が転落のおそれのあるがけになっている場所で、対向車と行き違うときは、がけ側の車が先に通行するのがよい。
- [ ] 問6　カーブに入ってからブレーキをかけるのは危険なので、手前の直線部分で速度を十分落としておく。
- [ ] 問7　坂の頂上付近やこう配の急な下り坂は、徐行場所、追い越し禁止場所、駐停車禁止場所に指定されている。
- [ ] 問8　車が灯火をつけなければならないのは、夜間、道路を通行するときだけである。
- [ ] 問9　夜間運転するときは、視線をできるだけ近くに向けることが大切である。
- [ ] 問10　交通量の多い市街地を通行するときは、前照灯をつねに上向きに切り替える。
- [ ] 問11　雨が降り始めたときの舗装道路はスリップしやすいので、注意して運転しなければならない。
- [ ] 問12　ぬかるみを通行する二輪車は、高速ギアに入れ、バランスをとりながら一気に通過するのがよい。
- [ ] 問13　霧が出ると見通しが極端に悪くなるので、前照灯を上向きにつけ、必要に応じて警音器を使用しながら通行する。
- [ ] 問14　雪道では、車の通った跡は滑りやすくて危険なので、できるだけ避けて通行したほうがよい。
- [ ] 問15　スロットルが戻らずに、エンジンの回転数が下がらなくなったときは、まず点火スイッチを切ってエンジンの回転数を止める。

ヒント

問1　信号機がある理由は？

問2　左端を通行して落ちる心配ない？

問3　エンストの心配ない？

問4　発進のむずかしい車が優先！

問5　がけ側の車が先に動いて危険はない？

問6　転倒などの危険を避ける方法は？

問7　いずれも危険な場所！

問8　見えにくいときにつける必要はない？

問9　視線が近くて安全？

問10　上向きでまぶしくない？

問11　降り始めはスリップしない？

問12　高速ギアで通過できる？

問13　上向きにつけると見えやすい？

問14　車が通っていない場所は滑らない？

問15　エンジンを止めるとどうなる？

☐ 問16	走行中にタイヤがパンクしたときは、急ブレーキをかけ、車をできるだけ早く停止させる。	問16 急ブレーキをかけて危険はない？
☐ 問17	後輪が横滑りを始めたときは、滑った方向にハンドルを切って車の向きを立て直す。	問17 左に滑ると車体は右に向く！
☐ 問18	交通事故を起こしたときは、まず警察官への事故報告を行わなければならない。	問18 警察官への事故報告を第一に行う？
☐ 問19	車を運転中に大地震が発生したときは、ハンドルをしっかり握り、急ブレーキを避け、安全な方法で道路の左端に停止させる。	問19 急ブレーキはどんな場合も危険！
☐ 問20	大地震が発生したとき、避難のために自動車を使用してはならないが、原動機付自転車は小回りがさくので、積極的に使用すべきである。	問20 原付で避難して混乱しない？

正解とポイントチェック

問1	○	青信号の踏切では、直前で一時停止しないで通過できます。➡P68
問2	×	左への落輪を防ぐため、対向車に注意して踏切のやや中央寄りを通行します。➡P69
問3	×	エンストを防ぐため、ギアチェンジをせずに通過します。➡P69
問4	○	下りの車が、発進のむずかしい上りの車に道を譲ります。➡P70
問5	×	転落のおそれのあるがけ側の車が安全な場所に停止して、道を譲ります。➡P71
問6	○	カーブの手前の直線部分で、速度を落としてからカーブに入ります。➡P71
問7	○	設問の場所では、徐行をし、追い越しや駐停車が禁止されています。➡P71
問8	×	昼間でも50メートル先が見えないようなときは、灯火をつけなければなりません。➡P73
問9	×	前方の障害物を早く発見するため、視線はできるだけ先のほうに向けます。➡P72
問10	×	上向きにするとほかの運転者の迷惑になるので、下向きにして通行します。➡P73
問11	○	雨の降り始めの舗装道路はスリップしやすいので、慎重に運転します。➡P74
問12	×	低速ギアに入れ、スロットルで速度を一定に保ち、バランスをとりながら通行します。➡P75
問13	×	前照灯を上向きにつけると、霧に乱反射してかえって見えずらくなります。➡P75
問14	×	雪道では、車の通った跡（わだち）を選んで走行するようにします。➡P75
問15	○	点火スイッチを切ってエンジンの回転数を止め、ブレーキで速度を落とします。➡P76
問16	×	急ブレーキは危険なので避け、断続ブレーキで速度を落とします。➡P76
問17	○	後輪が滑った方向にハンドルを切って、車の向きを立て直します。➡P77
問18	×	続発事故を防止、負傷者の救護を行ってから、警察官に事故報告します。➡P78
問19	○	急ブレーキを避け、できるだけ安全な方法で道路の左端に車を止めます。➡P79
問20	×	原動機付自転車でも、避難のために使用していけません。➡P79

絶対に覚えたい！重要数字 26

●駐停車禁止場所→覚える数字は6つ！

交差点とその端から	**5**メートル以内の場所
道路の曲がり角から	
横断歩道、自転車横断帯とその端から前後	
踏切とその端から前後	**10**メートル以内の場所
安全地帯の左側とその前後	
バス、路面電車の停留所の標示板（標示柱）から　＊運行時間中に限る	

●駐車禁止場所→覚える数字は5つ！

火災報知機から	**1**メートル以内の場所
自動車専用の出入口から	**3**メートル以内の場所
道路工事区域の端から	**5**メートル以内の場所
消防用機械器具の置場、消防用防火水そう、これらの道路に接する出入口から	
消火栓、指定消防水利の標識が設けられている位置や消防用防火水そうの取入口から	

●路側帯の中に入って駐停車する→覚える数字は2つ！

駐停車できる場合	白線1本で幅が	**0.75**メートルを超える路側帯
駐停車できない場合	白線2本、または白線1本で幅が	**0.75**メートル以下の路側帯

●一般道路の最高速度→覚える数字は3つ！

自動車	**60**キロメートル毎時
原動機付自転車	**30**キロメートル毎時
リヤカーをけん引している原動機付自転車	**25**キロメートル毎時

●追い越し禁止場所→覚える数字は3つ！

交差点とその手前から　＊優先道路を通行している場合は除く	**30**メートル以内の場所
踏切とその手前から	
横断歩道や自転車横断帯とその手前から	

●原動機付自転車の積載制限→覚える数字は5つ！

重量	**30**キログラム以下
けん引したリヤカーの重量	**120**キログラム以下
長さは積載装置から後方に	**0.3**メートル以下
幅は積載装置から左右に	**0.15**メートル以下
高さは地上から	**2**メートル以下

●合図の時期→覚える数字は2つ！

左折、右折、転回	**30**メートル手前の地点
進路変更	約**3**秒前

試験に出る！
原付免許模擬テスト

文章問題の解き方 ここがポイント

1 原則と例外に注意する！

交通ルールには、例外がつきものです。問題中に「必ず」「絶対に」などのことばがあるときは、例外がないかどうかを考えなければなりません。

[例題] 歩行者のそばを通るときは、<u>必ず</u>徐行しなければならない。
[答え] ×　安全な間隔をあけることができれば、徐行の必要はありません。

2 用語の意味を理解する！

交通用語には、独特のものがあります。たとえば、主語が「車」と「自動車」では含まれる車種が異なります。自動車の場合は、原動機付自転車と軽車両は含まれません。

[例題] 青色の右への矢印信号に対面した<u>車</u>は、すべて右折することができる。
[答え] ×　二段階右折の原動機付自転車と軽車両は、右折できません。

3 数字は正しく丸暗記する！

数字の問題も多く出されます。数字は文章の前後をよく読んでも、正確に覚えていないと正誤が判断できません。丸暗記するつもりで、正確に覚えておきましょう。

[例題] 原動機付自転車に積める荷物の重量は、<u>60キログラム</u>までである。
[答え] ×　60キログラムではなく、30キログラムまでです。

4 以上・以下、超える・未満に気をつける！

ことばの意味を正しく理解しておくことも大切です。たとえば、「以上」「以下」はその数字も含み、「超える」「未満」はその数字を含みません。これをまちがえると、答えが逆になってしまいます。

[例題] 白線１本の路側帯で0.75メートル<u>以上</u>の場合は、中に入って駐停車できる。
[答え] ×　中に入って止められるのは、幅が0.75メートルを超える路側帯です。

イラスト問題の解き方 ここがポイント

1 「〜かもしれない」という考え方で、危険を予測する

イラスト問題は、実際の交通の場面をイラストで再現し、どんな危険があり、どのように運転すればよいかについて答えるものです。イラストをよく見て、設問の運転方法が正しいかどうかを判断します。「〜かもしれない」という考え方で、危険を予測しましょう。

2 2問ともまちがえると−4点になる

イラスト問題は2問出題され、1問につき3つの設問があります。得点は3つ全部正解して2点になるので、1問でもまちがえると得点になりません。2題とも正解できるようにイラストをよく見て、危険を予測しましょう。

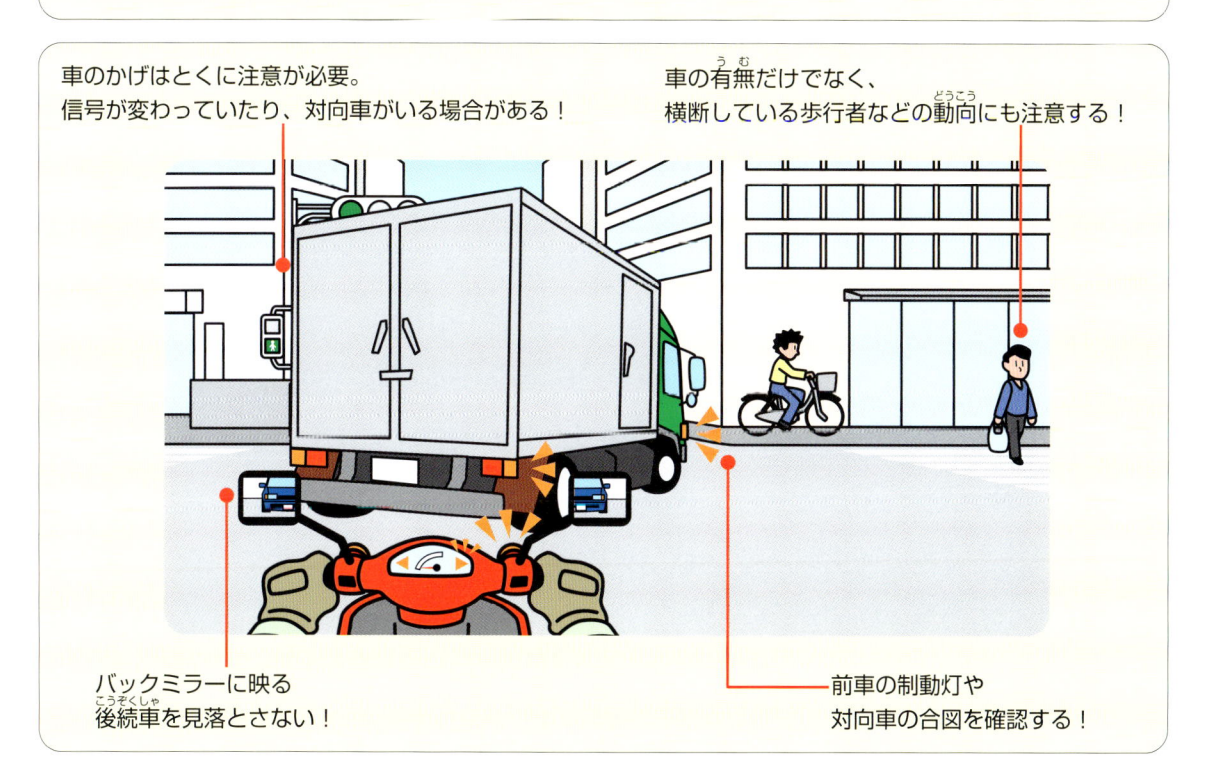

車のかげはとくに注意が必要。
信号が変わっていたり、対向車がいる場合がある！

車の有無だけでなく、
横断している歩行者などの動向にも注意する！

バックミラーに映る
後続車を見落とさない！

前車の制動灯や
対向車の合図を確認する！

原付免許模擬テスト 1回目
1問1答48題

●制限時間30分　●45点以上合格　●問1〜46：1問1点　問47・48：1問2点（3つとも正解の場合）

次の問題の○×を判断し、解答用紙（127ページ）をマークしなさい。

- [ ] 問1　歩道や路側帯を横切るとき、歩行者などがいないことが明らかな場合は、徐行して通過できる。
- [ ] 問2　1図の標示のある道路では、たとえ交通が渋滞していても、標示内に停止してはならない。
- [ ] 問3　前方の交通が混雑していて、そのまま進むと交差点内で止まってしまうようなときは、青信号でも進行してはならない。
- [ ] 問4　一方通行の道路では、中央から右側部分にはみ出して通行することができる。
- [ ] 問5　歩行者のそばを通るとき、歩行者との間に安全な間隔をあけることができれば、徐行しなくてもよい。
- [ ] 問6　車両通行帯が3つ以上ある道路で右折する原動機付自転車は、交通整理が行われていなくても、二段階右折しなければならない。
- [ ] 問7　道路の曲がり角では、追い越しのための余地があるような場所でも、追い越しをしてはならない。
- [ ] 問8　原動機付自転車の荷台に積むことができる荷物の高さは、荷台から2メートルまでである。
- [ ] 問9　原動機付自転車は車体が小さいので、歩道や路側帯に駐車することができる。
- [ ] 問10　路線バスが停留所で発進の合図をしているときは、急ブレーキをかけてでも、その発進を妨げてはならない。
- [ ] 問11　2図の標識は、前方の道路に合流地点があることを表している。
- [ ] 問12　道路の前方に障害物がある場合は、先に障害物に近づいた車が、対向車よりも先に通行することができる。
- [ ] 問13　明るさが急に変わると、視力は一時急激に低下するので、トンネルに入る前や出るときは速度を落とすようにする。

1図

2図

ヒント

- 問1　徐行でよい場合がある？
- 問2　渋滞のときは例外になる？
- 問3　交差点で止まってしまったら危険！
- 問4　一方通行路は対向車がない！
- 問5　安全な間隔があっても徐行が必要？
- 問6　信号がない場合も二段階右折？
- 問7　曲がり角で追い越してもよい場合がある？
- 問8　荷台から2メートルだと高すぎない？
- 問9　車体の大小は関係ある？
- 問10　急ブレーキは危険！
- 問11　路面電車の停留所などにある標識！
- 問12　障害物側が優先することがある？
- 問13　明るさへの対応は時間がかかる！

正解＆解説

- 問1　×　歩道や路側帯を横切るときは、歩行者などがいないことが明らかな場合でも、必ず一時停止しなければいけません。
- 問2　○　「停止禁止部分」の標示内には、たとえ渋滞していても停止してはいけません。
- 問3　○　交差点内で停止するおそれがあるときは、進入してはいけません。
- 問4　○　一方通行の道路は反対方向から車が来ないので、はみ出して通行できます。
- 問5　○　歩行者のそばを通るときは、安全な間隔をあけるか徐行をします。
- 問6　×　車両通行帯が3つ以上ある道路でも、交通整理が行われていない場合は、自動車と同じ方法で右折しなければなりません。
- 問7　○　道路の曲がり角は、広い場合でも追い越しが禁止されています。
- 問8　×　荷台から2メートルまでではなく、地上から2メートルまで荷物を積むことができます。
- 問9　×　車体が小さい原動機付自転車でも、歩道や路側帯に駐車することはできません。
- 問10　×　急ブレーキや急ハンドルで避けなければならない場合は、路線バスより先に進めます。
- 問11　×　合流地点ではなく、安全地帯を表す標識です。
- 問12　×　障害物のある側の車が、あらかじめ一時停止か減速をして、対向車に道を譲ります。
- 問13　○　急に明るくなったり、暗くなったりすると、視力は一時急激に低下します。

- ☐ 問14 交差点やその付近以外の場所で緊急自動車が近づいてきたときは、左右どちらかに寄って進路を譲らなければならない。
- ☐ 問15 前方の信号が3図のように表示されているとき、原動機付自転車は、すべての交差点で右折することができる。
- ☐ 問16 徐行の合図は、徐行しようとする30メートル手前の地点から行わなければならない。
- ☐ 問17 車を点検したときマフラーの調子が悪かったが、運転に支障がなかったので、そのまま運転した。
- ☐ 問18 道路を通行するときは、警察官の指示には従わなければならないが、交通巡視員の指示には従わなくてもよい。
- ☐ 問19 車両通行帯が黄色の線で区画されているところでは、どんな場合も進路変更をしてはならない。
- ☐ 問20 横断歩道のない交差点付近を歩行者が横断しているときは、車のほうが優先するので、とくに道を譲る必要はない。
- ☐ 問21 路線バスの停留所の標示板から10メートル以内は、運行時間中に限り、駐車も停車もしてはならない。
- ☐ 問22 消防署の前に「停止禁止部分」の標示があっても、渋滞しているときはやむを得ないので、この標示内に停止することができる。
- ☐ 問23 優先道路を通行しているときであっても、左右の見通しがきかない交差点では、徐行しなければならない。
- ☐ 問24 原動機付自転車は、4図の標識のある道路では、50キロメートル毎時で走行することができる。
- ☐ 問25 タイヤがすり減っているときは、摩擦力が大きくなるので、停止距離は短くなる。
- ☐ 問26 踏切を通過するときは、対向車に注意しながら、左側に落輪しないようにやや中央寄りを通るのがよい。
- ☐ 問27 自動車は自賠責保険か責任共済に加入しなければならないが、原動機付自転車は加入する必要はない。
- ☐ 問28 ブレーキを数回に分けてかけると、制動灯が点灯するので、後続車の追突防止に役立つ。
- ☐ 問29 車両通行帯のある道路では、最も左側の通行帯は駐車や停車のためにあけておき、それ以外の通行帯を通行しなければならない。

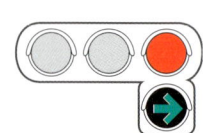

3図

4図

ヒント

問14 右側に寄って譲ってもよい？

問15 二段階右折する原付は？

問16 右左折や転回は30メートル手前！

問17 迷惑をかける車は運転できない！

問18 交通巡視員が指示している意味は？

問19 通れないときもダメ？

問20 車が優先することがある？

問21 運行時間外はバスが止まらない！

問22 止まっていると消防自動車が出られない！

問23 何のための優先道路？

問24 原付は30キロを超えてもよい？

問25 タイヤがすり減ると滑りやすい！

問26 左側への落輪は危険！

問27 自賠責・責任共済は強制保険！

問28 制動灯が点灯すると迷惑になる？

問29 最も左側をあける必要はある？

正解&解説

問14 ✕ 一方通行の道路以外では、左側に寄って緊急自動車に進路を譲らなければなりません。

問15 ✕ 二段階右折しなければならない原動機付自転車は、青色の右への矢印信号で右折できません。

問16 ✕ 30メートル手前の地点ではなく、徐行しようとするときに合図を行います。

問17 ✕ マフラーの調子が悪いと、有害物質や騒音で迷惑をかけるので、運転してはいけません。

問18 ✕ 警察官や交通巡視員の指示には従わなければなりません。

問19 ✕ 緊急自動車に進路を譲る場合や、工事などでやむを得ない場合は、黄色の線を越えることができます。

問20 ✕ 横断歩道がない場所でも、車は歩行者の通行を妨げてはいけません。

問21 ◯ 設問の場所は、運行時間中に限り、駐停車が禁止されています。

問22 ✕ たとえ渋滞していても、停止禁止部分の標示内には停止してはいけません。

問23 ✕ 優先道路を通行しているときは、左右の見通しがきかない交差点で徐行する必要はありません。

問24 ✕ 原動機付自転車は、法定最高速度の30キロメートル毎時を超える速度で運転してはいけません。

問25 ✕ タイヤがすり減ると摩擦力が小さくなり、停止距離は長くなります。

問26 ◯ 左端を通行すると落輪するおそれがあるので、対向車に注意しながら、やや中央寄りを通ります。

問27 ✕ 原動機付自転車でも、自賠責保険か責任共済には加入しなければなりません。

問28 ◯ ブレーキレバーやブレーキペダルを操作すると制動灯が点灯し、後続車への合図になります。

問29 ✕ 最も右側の通行帯は追い越しなどのためにあけておき、原動機付自転車は最も左側、自動車はそれ以外の通行帯を通行します。

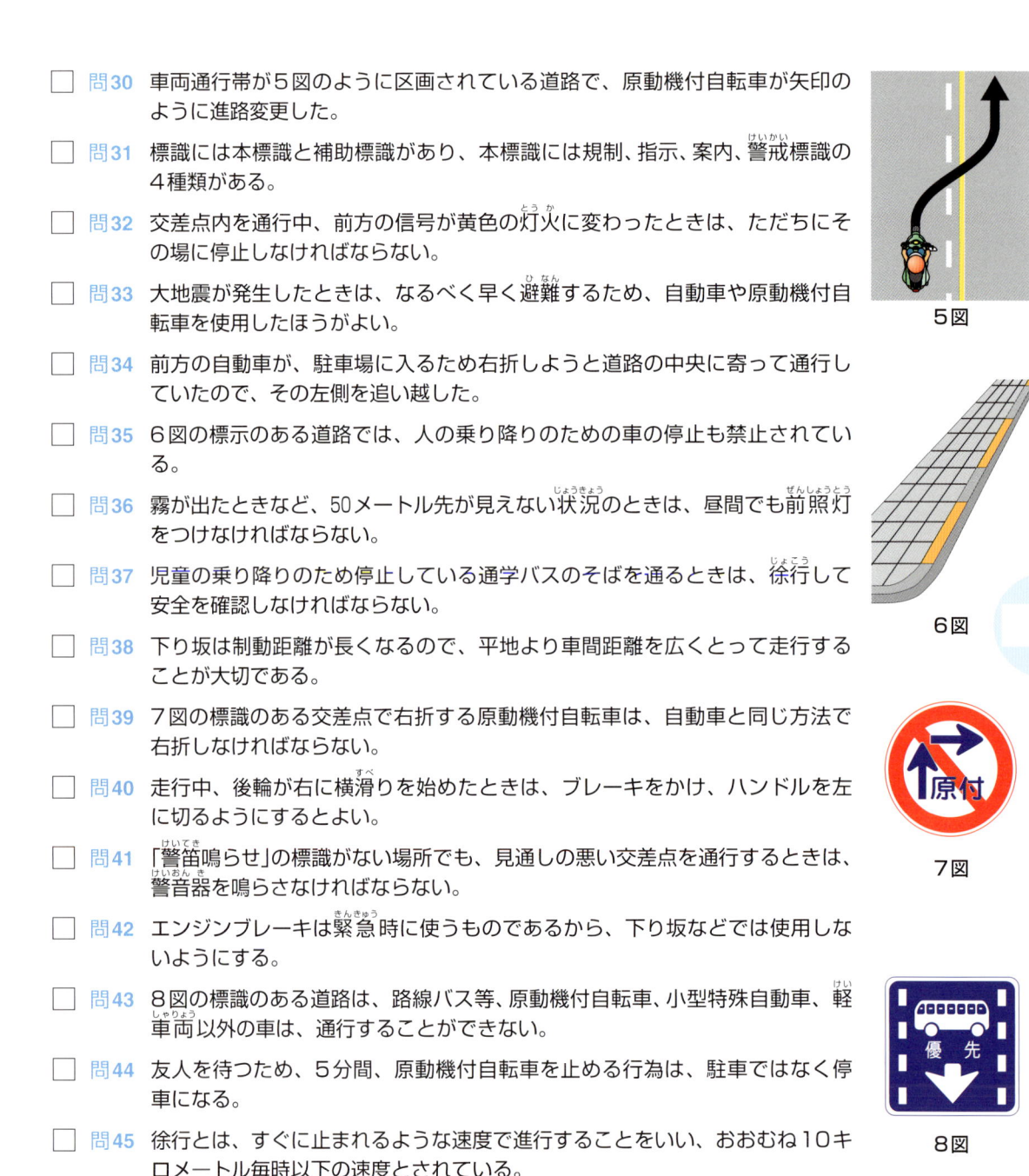

- ☐ 問30 車両通行帯が5図のように区画されている道路で、原動機付自転車が矢印のように進路変更した。
- ☐ 問31 標識には本標識と補助標識があり、本標識には規制、指示、案内、警戒標識の4種類がある。
- ☐ 問32 交差点内を通行中、前方の信号が黄色の灯火に変わったときは、ただちにその場に停止しなければならない。
- ☐ 問33 大地震が発生したときは、なるべく早く避難するため、自動車や原動機付自転車を使用したほうがよい。
- ☐ 問34 前方の自動車が、駐車場に入るため右折しようと道路の中央に寄って通行していたので、その左側を追い越した。
- ☐ 問35 6図の標示のある道路では、人の乗り降りのための車の停止も禁止されている。
- ☐ 問36 霧が出たときなど、50メートル先が見えない状況のときは、昼間でも前照灯をつけなければならない。
- ☐ 問37 児童の乗り降りのため停止している通学バスのそばを通るときは、徐行して安全を確認しなければならない。
- ☐ 問38 下り坂は制動距離が長くなるので、平地より車間距離を広くとって走行することが大切である。
- ☐ 問39 7図の標識のある交差点で右折する原動機付自転車は、自動車と同じ方法で右折しなければならない。
- ☐ 問40 走行中、後輪が右に横滑りを始めたときは、ブレーキをかけ、ハンドルを左に切るようにするとよい。
- ☐ 問41 「警笛鳴らせ」の標識がない場所でも、見通しの悪い交差点を通行するときは、警音器を鳴らさなければならない。
- ☐ 問42 エンジンブレーキは緊急時に使うものであるから、下り坂などでは使用しないようにする。
- ☐ 問43 8図の標識のある道路は、路線バス等、原動機付自転車、小型特殊自動車、軽車両以外の車は、通行することができない。
- ☐ 問44 友人を待つため、5分間、原動機付自転車を止める行為は、駐車ではなく停車になる。
- ☐ 問45 徐行とは、すぐに止まれるような速度で進行することをいい、おおむね10キロメートル毎時以下の速度とされている。

5図

6図

7図

8図

ヒント

問30 車両通行帯に白と黄色の線が引かれている意味は？

問31 本標識は4種類！

問32 交差点内に止まってもよい？

問33 車で避難して混乱しない？

問34 右に寄っている車の右側は安全？

問35 人の乗り降りは駐車？　停車？

問36 昼間でもライトをつける場合あり！

問37 急な飛び出しに注意！

問38 下り坂は加速がつく！

問39 赤色の斜めの線は禁止を表す！

問40 右に滑ってハンドルを左に切るとどうなる？

問41 標識がなくても鳴らす必要がある？

問42 エンジンブレーキは緊急時に使うもの？

問43 一般の車は走行できない？

問44 人待ちは時間に関係する？

問45 すぐ止まれる速度が徐行！

正解＆解説

問30　○　通行している側に黄色の線が引かれていない場合は、進路変更してもかまいません。

問31　○　本標識には、規制、指示、案内、警戒標識の4種類があります。

問32　×　停止位置で安全に停止できない場合は、そのまま進むことができます。

問33　×　自動車や原動機付自転車で避難すると混乱を招き危険です。やむを得ない場合を除き、車での避難は避けます。

問34　○　車を追い越すときは右側を通行するのが原則ですが、設問の場合は左側を追い越します。

問35　×　人の乗り降りのための停止は「停車」になり、駐車禁止の場所でも止められます。

問36　○　霧が出たとき、トンネル内など50メートル先が見えない状況のときは、昼間でも前照灯をつけなければなりません。

問37　○　児童が飛び出してくることがあるので、徐行して安全を確認しなければなりません。

問38　○　下り坂は加速がつき制動距離が長くなるので、平地より車間距離を広くとります。

問39　○　「原動機付自転車の右折方法（小回り）」の標識なので、自動車と同じ方法で右折しなければなりません。

問40　×　ブレーキをかけずに、後輪が横滑りした方向にハンドルを切って車体を立て直します。

問41　×　見通しの悪い交差点でも、「警笛鳴らせ」の標識がないときは、警音器を鳴らさずに通行します。

問42　×　下り坂では、エンジンブレーキを積極的に使用して速度を落とします。

問43　×　路線バス等優先通行帯は、設問の車以外の車も通行できます。

問44　×　人を待つ行為は、時間に関係なく「駐車」になります。

問45　○　徐行の速度は、おおむね1メートル以内で停止できるような、10キロメートル毎時以下の速度とされています。

☐ 問46 前車の運転者が、右腕を車の外に出してひじを垂直に上に曲げたが、これは右折や転回、右への進路変更の合図である。

問47 交差点で右折待ちのために止まっています。どのようなことに注意して運転しますか？

☐ （1） バスは、前の乗用車を避けて直進するかもしれないので、バスが通過したあとで様子を確かめてから右折する。

☐ （2） バスは、乗用車に妨げられてすぐには進行してこないと思うので、その前にすばやく右折する。

☐ （3） バスは、自分の車が右折するのを待ってくれると思うので、すばやく右折する。

問48 30キロメートル毎時で進行しています。どのようなことに注意して運転しますか？

☐ （1） 母親が子どもに声をかけ、子どもが急に道路に飛び出してくるかもしれないので、停止できるように速度を落とし、子どもの動きに注意して進行する。

☐ （2） 対向車は、母親を避けてセンターラインをはみ出してくるかもしれないので、対向車の動きに注意する。

☐ （3） 右側の自転車は、横断歩道を渡るかもしれないので、停止できるように速度を落として自転車の動きに注意しながら進行する。

ヒント		正解&解説		
問46 右腕を水平に伸ばすのが右折！		問46	×	設問の合図は、左折または左への進路変更を意味します。

問47

バスの動きに注意！

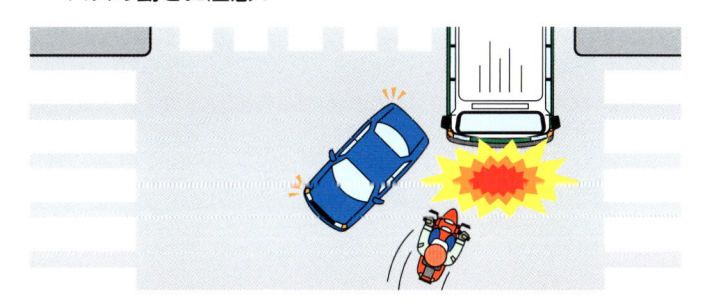

(1) 直進してくることを考える！　　　　　　(1) ○ バスが通過したあと、様子を確かめてから右折します。

(2) 直進してこないといいきれる？　　　　　(2) × バスは、すぐに進行してこないとは限りません。

(3) バスは必ず待ってくれる？　　　　　　　(3) × バスは、右折を待ってくれるとは限りません。

問48

歩行者の飛び出しに注意！

(1) 子どもは突然道路に飛び出す！　　　　　(1) ○ 子どもの動きに十分注意して、速度を落として進行します。

(2) 対向車がはみ出す可能性は？　　　　　　(2) ○ 対向車の動きに注意して進行します。

(3) 自転車の動向には注意が必要！　　　　　(3) ○ 自転車の動きに注意しながら、速度を落として進行します。

原付免許模擬テスト 2回目
1問1答48題

●制限時間30分　●45点以上合格　●問1〜46：1問1点　問47・48：1問2点（3つとも正解の場合）

次の問題の○×を判断し、解答用紙（127ページ）をマークしなさい。

☐ 問1　こう配の急な下り坂では徐行しなければならないが、こう配の急な上り坂の途中では徐行しなくてもよい。

☐ 問2　原付免許を取得している人が原動機付自転車を運転するときは、とくに免許証を携帯しなくてもかまわない。

☐ 問3　1図の標識のある道路は、原動機付自転車だけが通行することができない。

☐ 問4　車両通行帯が黄色の線で区画されている道路でも、右左折するための進路変更であれば、黄色の線を越えてもかまわない。

☐ 問5　二輪車を選ぶ場合、シートにまたがったとき両足のつま先が地面につかない車は、大きすぎて危険である。

1図

☐ 問6　一方通行の道路で、駐車場に入るため右折するときは、道路の右端に寄って徐行しなければならない。

☐ 問7　原動機付自転車は路線バス等優先通行帯を通行できるが、普通自動車は通行することができない。

☐ 問8　自転車のそばを通るときは、必ず徐行しなければならない。

☐ 問9　2図の路側帯のある道路では、車の左側に0.75メートル以上の余地をあけることができれば、路側帯に入って駐停車することができる。

☐ 問10　原動機付自転車のエンジンを止めて押し歩く場合は、歩行者として扱われるので、歩道を通行することができる。

☐ 問11　信号機の青色の灯火は「進め」の意味なので、対面した車は前方の交通状況にかかわらず、すぐに発進しなければならない。

☐ 問12　トンネル内は駐停車禁止の場所であり、車両通行帯がない場合は追い越しも禁止されている。

2図

☐ 問13　見通しの悪い交差点や坂の頂上を通過するときは、警音器を鳴らさなければならない。

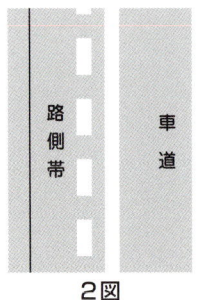

ヒント

- 問1　こう配の急な上り坂は徐行場所？
- 問2　免許証不携帯はどんな違反？
- 問3　二輪の図は原付の意味？
- 問4　右左折するための進路変更は例外になる？
- 問5　つま先が地面につかなくて危険はない？
- 問6　一方通行路以外は道路の中央！
- 問7　専用通行帯との違いは？
- 問8　安全な間隔があっても徐行が必要？
- 問9　2本線で中に入れる場合がある？
- 問10　歩行者として扱われる場合は？
- 問11　青信号では必ず進行？
- 問12　トンネルは暗くて危険！
- 問13　標識がなくても鳴らす？

正解＆解説

- 問1　○　こう配の急な坂で徐行しなければならないのは、下り坂だけです。
- 問2　×　原動機付自転車や自動車を運転するときは、その車を運転できる免許証を携帯しなければなりません。
- 問3　×　二輪の自動車・原動機付自転車通行止めの標識なので、自動二輪車と原動機付自転車は通行できません。
- 問4　×　黄色の線で区画されている道路では、右左折するための進路変更をしてはいけません。
- 問5　○　つま先が地面につかない車は、大きすぎて危険です。
- 問6　○　一方通行の道路では、道路の右端に寄って右折します。
- 問7　×　路線バス等優先通行帯は、普通自動車も通行できます。
- 問8　×　安全な間隔をあけることができれば、徐行の必要はありません。
- 問9　×　2図は駐停車禁止路側帯を表し、その中に入って駐停車することはできません。
- 問10　○　二輪車のエンジンを止めて押し歩く場合は、歩行者として扱われます。
- 問11　×　青色の灯火信号は「進んでもよい」という意味なので、交差点で停止するおそれがあるときなどは進んではいけません。
- 問12　○　トンネル内は駐停車禁止場所であり、車両通行帯がない場合は追い越しも禁止されています。
- 問13　×　「警笛鳴らせ」の標識がない場合や、「警笛区間内」でない場合は、警音器を鳴らさずに通行します。

- ☐ 問14 原動機付自転車は3図の標識のある道路を通行することができるが、歩行者に注意して徐行しなければならない。
- ☐ 問15 駐車禁止の場所で、運転者が車から離れずに、5分間荷物の積みおろしのために車を止めた。
- ☐ 問16 原動機付自転車は、車道が混雑しているときに限り、路側帯を通行することができる。
- ☐ 問17 進路変更や転回が終わったら、約3秒後に合図をやめなければならない。
- ☐ 問18 4図の標識は、最高速度30キロメートル毎時の終わりを表している。
- ☐ 問19 信号機がある踏切で、青色の灯火を表示しているときは、安全確認をすれば一時停止しないで通過できる。
- ☐ 問20 走行中の車を短い距離で停止させるには、ブレーキを強くかけてタイヤの回転を止めるとよい。
- ☐ 問21 原付免許を取得すれば、原動機付自転車と総排気量90cc以下の自動二輪車を運転することができる。
- ☐ 問22 夜間、ほかの自動車の直後を進行中、前車の前方がよく見えるように前照灯を上向きに切り替えた。
- ☐ 問23 同一方向に2つの車両通行帯のある道路では、速度が速い車が右側、速度が遅い車が左側の通行帯を通行する。
- ☐ 問24 5図の信号に対面した自動車や原動機付自転車は、矢印に従って左折することができる。
- ☐ 問25 トンネルに入ると、明るさの違いから視力が一時急激に低下するので、トンネルには徐行して入らなければならない。
- ☐ 問26 車が上り坂で前車に続いて一時停止するときは、前車が後退してくることを考えて、車間距離を広くとるようにする。
- ☐ 問27 6図の標識は、前方に障害物があるので、左か右に避けなければならないことを表している。
- ☐ 問28 交通整理の行われていない道幅が同じような交差点で、左方から進行してくる車があるときは、その進行を妨げてはならない。
- ☐ 問29 初心者マークをつけた車に対する幅寄せや割り込みは禁止されているが、仮免許練習中の標識をつけた車に対しては、とくに禁止されていない。

3図

4図

5図

6図

ヒント

問14 原付は許可を受けずに通れる？

問15 荷物の積みおろしは何分を超えると駐車？

問16 横切る以外に通行できる？

問17 3秒間合図を継続する意味がある？

問18 上にある補助標識は何を表す？

問19 踏切に信号機がある意味は？

問20 回転を急に止めると滑らない？

問21 原付以外に運転できるものがある？

問22 上向きにしてまぶしくない？

問23 通行帯は速度に関係がある？

問24 原付は右折の場合のみ制限がある！

問25 トンネルの入口は徐行場所？

問26 接近して止めると危険！

問27 左か右に避けることを意味する？

問28 優先するのは右方？ 左方？

問29 幅寄せなどが禁止されているのは初心者マークの車だけ？

正解＆解説

問14 × 3図は歩行者や自転車の専用道路を表し、通行を認められた車以外は通行できません。

問15 ○ 荷物の積みおろしのための5分間の停止は「停車」になり、駐車禁止の場所でも止められます。

問16 × 車道が混雑していても、原動機付自転車は横切る以外に路側帯を通行してはいけません。

問17 × 進路変更や転回の合図は、約3秒後ではなく、その行為が終わったらすぐやめなければなりません。

問18 ○ 本標識の上につけられた補助標識は、規制区間の終わりを表します。

問19 ○ 踏切に信号機があり、青色の灯火を示しているときは、一時停止しないで通過できます。

問20 × タイヤの回転を急に止めると路面を滑るので、停止距離は長くなります。

問21 × 原付免許で運転できるのは、原動機付自転車だけです。

問22 × 前照灯を上向きにすると、前車の運転者をげん惑してしまうので、下向きにします。

問23 × 車両通行帯が2つある道路では、原則として左側の通行帯を通行しなければなりません。

問24 ○ 青色の矢印信号が左向きの場合、自動車や原動機付自転車は矢印に従って左折できます。

問25 × 速度を落とす必要はありますが、徐行しなければならない場所ではありません。

問26 ○ 前車が後退してくることを考えて、車間距離を十分とって停止します。

問27 × 「指定方向外進行禁止」の標識で、前方の交差点で左か右にしか進行できないことを表しています。

問28 ○ 道幅が同じような交差点では、左方から進行してくる車が優先します。

問29 × 初心者マーク、高齢者マーク、身障者マーク、仮免許練習標識をつけた車に対する、幅寄せや割り込みは禁止されています。

- [ ] 問30 発進するときは、方向指示器で合図をすれば、安全を確認する必要はない。

- [ ] 問31 後ろの車に追い越されるときは、左側に寄って速度を落とさなければならない。

- [ ] 問32 7図の標識のある道路では、自動車や原動機付自転車を追い越すため、進路を変えたり、その横を通り過ぎたりしてはならない。

- [ ] 問33 交通事故を起こしたときは、軽い事故であれば当事者同士で話し合えばよく、警察官に届け出る必要はない。

- [ ] 問34 安全地帯のある停留所に停止中の路面電車に近づいたときは、後方で停止して、乗り降りする人がいなくなるまで待たなければならない。

- [ ] 問35 黄色の矢印信号に従って進行できるのは、路面電車と路線バスだけであり、自動車や原動機付自転車は進行できない。

- [ ] 問36 信号機の信号と警察官の手信号が異なっている場合は、信号機の信号に従わなければならない。

- [ ] 問37 横断歩道とその手前30メートル以内の場所は、追い越しは禁止されているが、追い抜きは禁止されていない。

- [ ] 問38 水たまりのある場所をやむを得ず通行するときは、泥水をはねて歩行者に迷惑をかけないように速度を落とすことが大切である。

- [ ] 問39 8図の標識のある交差点ではない道路を通行中、緊急自動車が接近してきたときは、右側に寄って進路を譲らなければならない。

- [ ] 問40 車両通行帯が3つ以上の交通整理の行われている交差点では、原動機付自転車は、原則として二段階の方法で右折しなければならない。

- [ ] 問41 原動機付自転車でリヤカーをけん引する場合、リヤカーに積める荷物の重量は60キログラムまでである。

- [ ] 問42 二輪車のブレーキは、ハンドルを切らない状態で車体をまっすぐに保ち、前後輪のブレーキを同時にかけるのがよい。

- [ ] 問43 9図の標識は、近くに学校、幼稚園、保育所などがあることを表している。

- [ ] 問44 車から離れるときは、盗難防止の措置としてエンジンキーを抜いておけば、ハンドルの施錠装置などを作動させる必要はない。

- [ ] 問45 交差点やその付近でない場所で、緊急自動車が近づいてきたときは、道路の左側に寄って進路を譲ればよく、とくに徐行や一時停止の必要はない。

ヒント

問30 安全な方法で発進する！

問31 速度を下げる規定はある？

問32 補助標識のある意味は？

問33 事故の程度は関係ある？

問34 安全地帯があっても待つ必要がある？

問35 路線バスも進行できる？

問36 警察官が手信号をしている理由は？

問37 追い抜きをしても危険はない？

問38 泥はねの責任は運転者にあり！

問39 必ず右側に寄る？

問40 2車線の場合は自動車と同じ方法！

問41 60キロでは軽すぎない？

問42 タイヤが滑らない方法でブレーキをかける！

問43 設問の標識は指示標識！

問44 キーを抜いておけば万全？

問45 交差点などでは、交差点を避け、左側に寄って一時停止！

正解＆解説

問30 ✕ 発進するときは、方向指示器で合図をするとともに、安全確認をしなければいけません。

問31 ✕ 速度を上げてはいけませんが、速度を下げなければならないわけではありません。

問32 ◯ 「追越し禁止」の補助標識があるので、すべての追い越しが禁止されています。

問33 ✕ 交通事故を起こしたときは、軽い事故でも警察官に届け出なければなりません。

問34 ✕ 安全地帯のある停留所では、徐行して進行することができます。

問35 ✕ 黄色の矢印信号で進行できるのは路面電車だけで、路線バスも進行できません。

問36 ✕ 信号機の信号ではなく、警察官の手信号に従わなければなりません。

問37 ✕ 横断歩道とその手前30メートル以内の場所は、追い越し・追い抜きともに禁止されています。

問38 ◯ 泥水をはねて歩行者に迷惑をかけないように、速度を落として進行します。

問39 ✕ 左側に寄ると緊急自動車の妨げになる場合は、右側に寄って進路を譲ります。

問40 ◯ 設問の交差点で、標識で右折方法が指定されていない場合は、二段階の方法で右折しなければなりません。

問41 ✕ リヤカーに積める荷物の重量は、120キログラムまでです。

問42 ◯ 車体をまっすぐに保ち、前後輪のブレーキを同時にかけるのが基本です。

問43 ✕ 学校、幼稚園、保育所などありの標識ではなく、横断歩道を表す指示標識です。

問44 ✕ 車から離れるときは、エンジンキーを抜き、ハンドルをロックしておかなければなりません。

問45 ◯ 交差点やその付近以外の場所では、道路の左側に寄って進路を譲ります。

☐ 問46　追い越しをするときは、最高速度の制限を超えて加速してもよい。

問47　30キロメートル毎時で進行しています。どのようなことに注意して運転しますか？

☐ （1）トラックのかげから歩行者などが横断するかもしれないので、速度を落とし、安全を確かめてから通過する。

☐ （2）対向車がないので、センターラインを越えて、そのままの速度で通過する。

☐ （3）トラックのかげから歩行者などが横断するかもしれないので、横断歩道の直前で一時停止し、安全を確かめてから通過する。

問48　30キロメートル毎時で進行しています。どのようなことに注意して運転しますか？

☐ （1）前を走行するタクシーは、急停止することはないと思うので、このままの速度で進行する。

☐ （2）前を走行するタクシーは、客を乗せるために急停止するかもしれないので、センターラインを越えて追い越しをする。

☐ （3）前を走行するタクシーは、客を乗せるために急停止するかもしれないので、速度を落とし、車間距離をあけて様子を見る。

> ヒント

問46 最高速度を超えていい場合がある？

問47

（1）そのまま通過してよい？

（2）安全が確認できる？

（3）停止車両があるときは一時停止！

問48

（1）空車のタクシーの後ろは安全？

（2）安全が確認できる？

（3）手を上げた人がいるときはつねに注意！

> 正解＆解説

問46　×　追い越しは、最高速度の制限内で行わなければなりません。

問47　**停止車両の先の横断歩道に注意！**

（1）×　横断歩道の前に停止車両があるので、一時停止しなければなりません。

（2）×　トラックのかげに歩行者がいて、横断するおそれがあります。

（3）○　一時停止して、安全を確かめます。

問48　**タクシーの急停止に注意！**

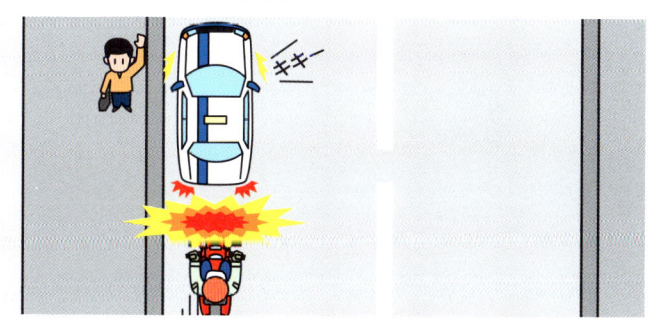

（1）×　急停止するおそれがあるので、速度を落として進行します。

（2）×　対向車が確認できないので、センターラインを越えてはいけません。

（3）○　速度を落とし、車間距離をあけて様子を見ます。

原付免許模擬テスト3回目
1問1答48題

●制限時間30分　●45点以上合格　●問1〜46：1問1点　問47・48：1問2点（3つとも正解の場合）

次の問題の○×を判断し、解答用紙（127ページ）をマークしなさい。

- [ ] 問1　運転免許は、第一種免許、第二種免許、仮免許の3種類に区分され、原付免許は第一種免許である。
- [ ] 問2　1図の標示のある道路では、矢印のように進路を変更することができる。
- [ ] 問3　警戒標識は、道路上の危険や注意すべき状況などを前もって知らせて、注意を促すための標識である。
- [ ] 問4　路面電車が客の乗り降りのために停留所で停止しているときは、安全地帯の有無にかかわらず、後方で停止して待たなければならない。
- [ ] 問5　自動車や原動機付自転車は路側帯を通行することはできないが、道路外に出るために横切ることはできる。
- [ ] 問6　交差点やその付近ではない一方通行の道路で、緊急自動車が近づいてきたとき、左側に寄ると緊急自動車の妨げになる場合は、右側に寄って進路を譲る。
- [ ] 問7　前車が原動機付自転車を追い越そうとしているときは、追い越しを始めてはならない。
- [ ] 問8　原動機付自転車は、左折や工事などでやむを得ない場合を除き、バス専用通行帯を通行してはならない。
- [ ] 問9　走行中、携帯電話を使用するとたいへん危険なので、運転前に電源を切るなどして呼出音が鳴らないようにしておく。
- [ ] 問10　2図の標識は、原動機付自転車は矢印以外の方向へは進行することができないという意味を表している。
- [ ] 問11　二輪車を運転中、スロットルグリップが戻らなくなったときは、まず点火スイッチを切り、エンジンの回転数を止めることが大切である。
- [ ] 問12　車を長時間運転し続けることは危険なので、3時間に1回は休息をとるようにする。
- [ ] 問13　踏切の直前で安全確認のために停止している車の横を通過して、その前方に入って停止する行為はしてはいけない。

1図

2図

- [ ] 問14 車の停止距離は、運転者が危険を感じてブレーキをかけ、実際にブレーキが効き始めて停止するまでの距離をいう。
- [ ] 問15 3図の標識のある場所は、速度を10キロメートル毎時以下に落として進行しなければならない。
- [ ] 問16 原動機付自転車でカーブにさしかかったときは、大きくハンドルを切って曲がるのがよい。
- [ ] 問17 前方の信号機は青色の灯火を表示していたが、交差点の中央で両腕を水平に上げている警察官の身体の正面に対面したので、停止線の直前で停止した。
- [ ] 問18 30キロメートル毎時で走行中、道路の曲がり角付近にさしかかったので、速度を10キロメートル毎時に落とした。
- [ ] 問19 4図の標示がある場合、A車はB車に優先して通行することができる。
- [ ] 問20 交差点の手前に一時停止の標識があったが、左右の見通しが悪かったので、交差点内に入ってから一時停止した。
- [ ] 問21 転回するときは、転回しようとする30メートル手前の地点に達したときに合図をしなければならない。
- [ ] 問22 交通量が少ない道路では、2つの車両通行帯にまたがって通行してもかまわない。
- [ ] 問23 駐車場や車庫の出入口から3メートル以内には駐車してはならないが、車庫の関係者であれば駐車してもかまわない。
- [ ] 問24 5図の標識のある道路は、自動二輪車の通行は禁止されているが、原動機付自転車は通行することができる。
- [ ] 問25 幼児が乗り降りしている通園バスの側方を通過するときは、一時停止して安全を確認しなければならない。
- [ ] 問26 対向車のライトがまぶしいときは、視点をやや左前方に移して、目がくらまないようにする。
- [ ] 問27 少量のビールを飲んだが、運転に支障がないと判断したときは、原動機付自転車を運転することができる。
- [ ] 問28 6図の標識は、矢印の方向に一方通行を表している。
- [ ] 問29 ブレーキは制動灯と連動しており、断続的にかけると後続車の迷惑になるので避けるべきである。
- [ ] 問30 新車は点検が十分に行われているので、とくに日常点検をしないで運転することができる。

3図

4図

5図

6図

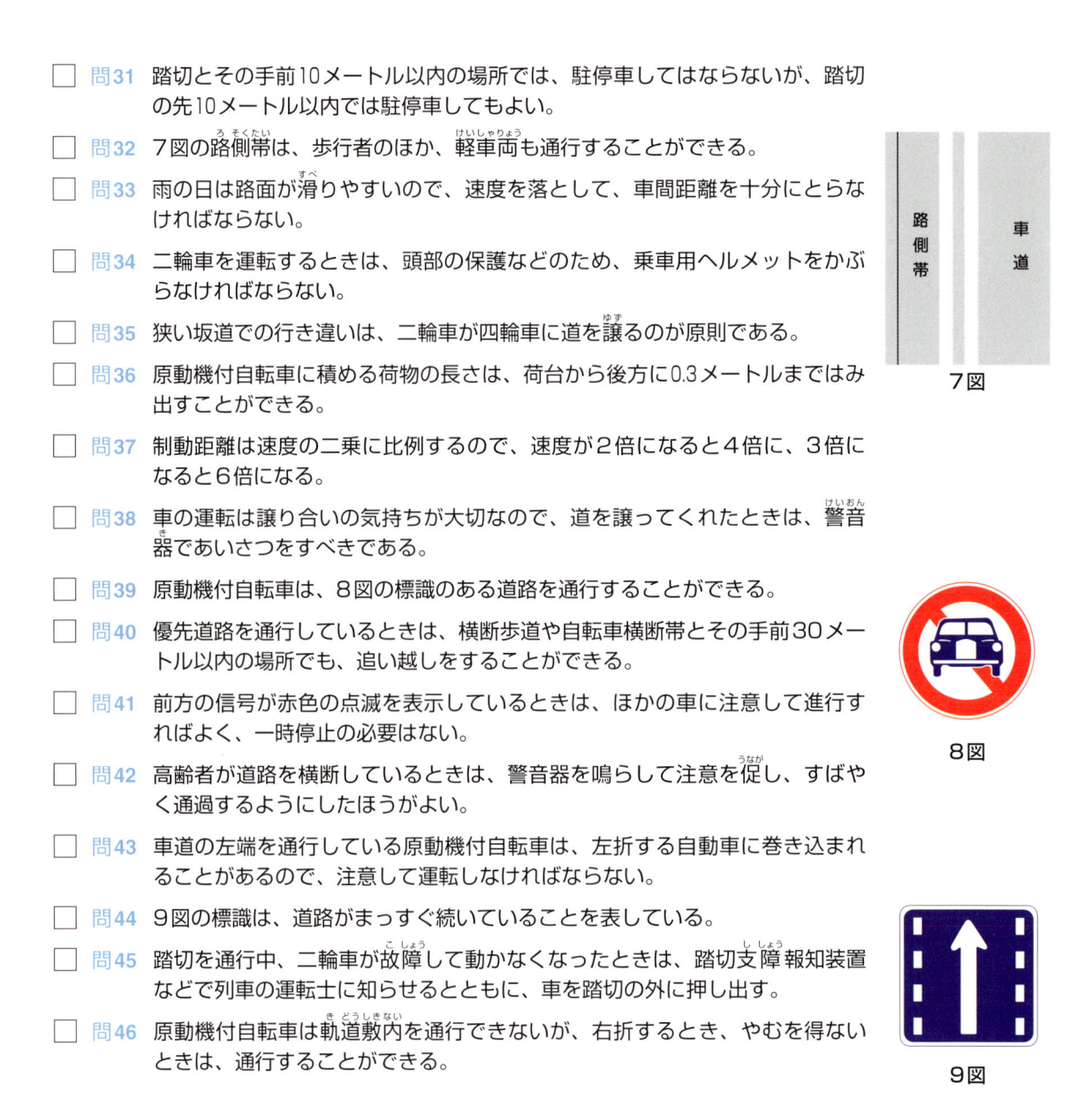

- [ ] 問31 踏切とその手前10メートル以内の場所では、駐停車してはならないが、踏切の先10メートル以内では駐停車してもよい。
- [ ] 問32 7図の路側帯は、歩行者のほか、軽車両も通行することができる。
- [ ] 問33 雨の日は路面が滑りやすいので、速度を落として、車間距離を十分にとらなければならない。
- [ ] 問34 二輪車を運転するときは、頭部の保護などのため、乗車用ヘルメットをかぶらなければならない。
- [ ] 問35 狭い坂道での行き違いは、二輪車が四輪車に道を譲るのが原則である。
- [ ] 問36 原動機付自転車に積める荷物の長さは、荷台から後方に0.3メートルまではみ出すことができる。
- [ ] 問37 制動距離は速度の二乗に比例するので、速度が2倍になると4倍に、3倍になると6倍になる。
- [ ] 問38 車の運転は譲り合いの気持ちが大切なので、道を譲ってくれたときは、警音器であいさつをすべきである。
- [ ] 問39 原動機付自転車は、8図の標識のある道路を通行することができる。
- [ ] 問40 優先道路を通行しているときは、横断歩道や自転車横断帯とその手前30メートル以内の場所でも、追い越しをすることができる。
- [ ] 問41 前方の信号が赤色の点滅を表示しているときは、ほかの車に注意して進行すればよく、一時停止の必要はない。
- [ ] 問42 高齢者が道路を横断しているときは、警音器を鳴らして注意を促し、すばやく通過するようにしたほうがよい。
- [ ] 問43 車道の左端を通行している原動機付自転車は、左折する自動車に巻き込まれることがあるので、注意して運転しなければならない。
- [ ] 問44 9図の標識は、道路がまっすぐ続いていることを表している。
- [ ] 問45 踏切を通行中、二輪車が故障して動かなくなったときは、踏切支障報知装置などで列車の運転士に知らせるとともに、車を踏切の外に押し出す。
- [ ] 問46 原動機付自転車は軌道敷内を通行できないが、右折するとき、やむを得ないときは、通行することができる。

7図

8図

9図

問47 10キロメートル毎時で進行しています。どのようなことに注意して運転しますか？

- (1) 左のバックミラーに自転中が映っているので、巻き込まないように注意して左折する。
- (2) 交差する前方の道路から車や歩行者などが出てくるかもしれないので、交差点の左右をよく確かめる。
- (3) 左後方にいる自転車は、自分の車の合図に気づかずに直進するかもしれないので、自転車を先に行かせてから左折する。

問48 道路が渋滞しているため、5キロメートル毎時で進行しています。どのようなことに注意して運転しますか？

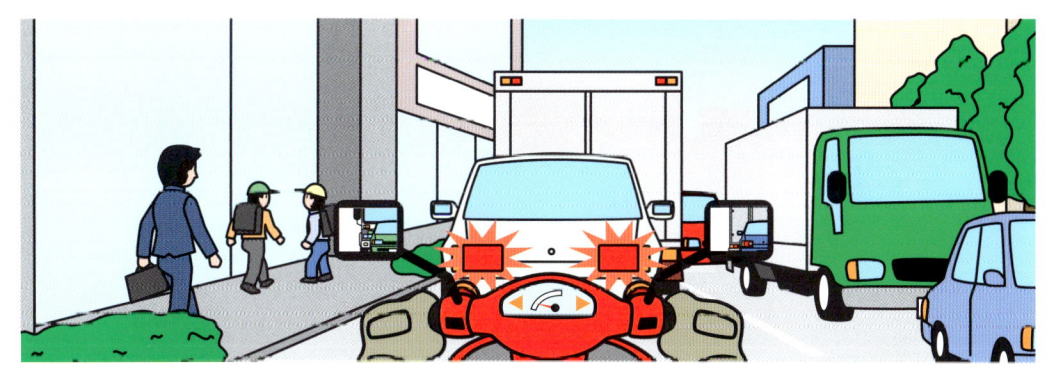

- (1) 左側の歩道や対向車のかげから、道路を横断しようとする歩行者が飛び出してくるかもしれないので、その動きに注意して進行する。
- (2) 直前の車がブレーキをかけているので、ブレーキを数回に分けてかけ、速度を落とし、後続車に注意を与える。
- (3) 前車に追突するおそれがあるので、車間距離を保ちながら、前車やその先の車の動きに注意して進行する。

105

正解とポイントチェック

問 1 ○ 運転免許は3種類に区分され、原付免許は第一種免許になります。
問 2 × 通行している側に黄色の線が引かれている場合は、黄色の線を越えて進路を変えてはいけません。
問 3 ○ 警戒標識は設問のような標識で、すべて黄色のひし形です。
問 4 × 安全地帯があるときは後方で待つ必要はなく、徐行して進行できます。
問 5 ○ 自動車や原動機付自転車は路側帯を横切ることはでき、その場合は必ず一時停止しなければいけません。
問 6 ○ 一方通行の道路で、左側に寄ると妨げになる場合は、右側に寄って進路を譲ります。
問 7 × 二重追い越しとして禁止されているのは、前車が自動車を追い越そうとしているときです。
問 8 × 原動機付自転車は、どんな場合もバス専用通行帯を通行できます。
問 9 ○ 運転中に携帯電話を使用するのは危険なので、運転前に呼出音が鳴らないようにしておきます。
問 10 × 原動機付自転車は、二段階の方法で右折しなければならないことを表しています。
問 11 ○ エンジンの回転数を止めることが大切なので、まず点火スイッチを切ります。
問 12 × 3時間に1回ではなく、2時間に1回は休息をとります。
問 13 ○ 設問のような行為は割り込みになり、禁止されています。
問 14 ○ 停止距離は、運転者が危険を感じてブレーキをかけるまでに走る空走距離と、実際にブレーキが効き始めて停止するまでの制動距離を合わせた距離です。
問 15 ○ 3図はこう配の急な下り坂を表し、徐行しなければならない場所に指定されています。
問 16 × ハンドルを大きく切るのではなく、車体を傾けることによって自然に曲がるようにします。
問 17 ○ 警察官の手信号は赤色の灯火を意味し、信号機の信号と異なりますが、このような場合は警察官の手信号に従わなければなりません。
問 18 ○ 道路の曲がり角付近は徐行しなければならないので、速度を10キロメートル毎時以下に落とします。
問 19 ○ 図の標示は「前方優先道路」を表し、B車はA車の進行を妨げてはいけません。
問 20 × 停止線がある場合はその直前で、ない場合は交差点の直前で一時停止しなければなりません。
問 21 ○ 転回の合図は、右折するときと同様に、30メートル手前の地点で行います。
問 22 × 交通量が少ない道路でも、2つの車両通行帯にまたがって通行してはいけません。
問 23 × 車庫の関係者でも、駐車場や車庫の出入口から3メートル以内には駐車してはいけません。
問 24 × 5図の標識は、自動車と原動機付自転車の通行が禁止されていることを意味します。
問 25 × 安全を確認しなければなりませんが、必ずしも一時停止は必要はなく、徐行して通行します。
問 26 ○ ライトを直視しないように、視点をやや左前方に移します。
問 27 × 少しでも酒を飲んだときは、原動機付自転車を運転してはいけません。
問 28 × 「進行方向別通行区分」の標識で、この標識のある通行帯の車は左折しかできません。

問29	×	ブレーキを断続的にかけると制動灯が点灯し、後続車に対しての合図になります。
問30	×	たとえ新車でも、日常点検は行わなければなりません。
問31	×	踏切の手前10メートル以内だけでなく、その先の10メートル以内も駐停車が禁止されています。
問32	×	7図は歩行者用路側帯を表し、軽車両は通行できません。
問33	○	雨の日は晴れの日に比べて制動距離が長くなるので、車間距離を十分にとって運転します。
問34	○	二輪車を運転するときは、乗車用ヘルメットをかぶらなければなりません。
問35	×	二輪車が四輪車に道を譲るという規則はありません。
問36	○	原動機付自転車に荷物を積むときは、荷台の後方に0.3メートルまではみ出すことができます。
問37	×	速度が3倍になると、制動距離は9倍になります。
問38	×	譲り合いの気持ちは大切ですが、警音器をあいさつ代わりに使用してはいけません。
問39	○	8図は「二輪の自動車以外の自動車通行止め」の標識で、原動機付自転車と自動二輪車は通行できます。
問40	×	優先道路を通行していても、設問の場所では追い越しをしてはいけません。
問41	×	赤色の点滅を表示しているときは、一時停止して安全を確認してから進行しなければなりません。
問42	×	警音器を鳴らさずに、一時停止か徐行をしなければなりません。
問43	○	原動機付自転車は自動車の死角に入りやすいので、注意しなければなりません。
問44	×	通行している通行帯は直進しかできないことを表しています。
問45	○	列車の運転士に知らせるとともに、車を踏切の外に押し出します。
問46	○	軌道敷内は、右折するときや、やむを得ないとき以外は通行できません。

問47
(1) ○ 左側を走行する自転車を巻き込まないように注意します。
(2) ○ 交差点の左右をよく確かめなければなりません。
(3) ○ 自転車を先に通行させたほうが安全です。

問48
(1) ○ 歩行者が道路を横断するおそれがあるので、注意して進行します。
(2) ○ 追突防止のため、ブレーキを数回に分けてかけ、速度を落とします。
(3) ○ 車間距離を十分にとり、前車や先の車の動きに注意して進行します。

原付免許模擬テスト 4回目
1問1答48題

●制限時間30分　●45点以上合格　●問1～46：1問1点　問47・48：1問2点（3つとも正解の場合）

次の問題の○×を判断し、解答用紙（127ページ）をマークしなさい。

- [ ] 問1　横断歩道の手前で停止している車がある場合に、その前方に出るときは、徐行しなければならない。
- [ ] 問2　高齢者マークをつけている車は、70歳以上の人が運転しているので、幅寄せや割り込みをしてはならない。
- [ ] 問3　1図の標識は、原動機付自転車の最高速度が20キロメートル毎時であることを表し、自動車は法定速度で通行できる。
- [ ] 問4　車の停止距離は、ブレーキをかけて効き始めるまでの空走距離と、ブレーキが効き始めてから停止するまでの制動距離を合わせた距離のことをいう。
- [ ] 問5　原動機付自転車を運転するときは、自賠責保険か責任共済に加入し、任意保険にも加入したほうがよい。
- [ ] 問6　交通事故を起こしたときは、相手と話し合いがついても、警察官に事故報告をしなければならない。
- [ ] 問7　原動機付自転車に荷物を積んで運転するときは、荷物を高く積んだほうが安定した走行ができる。
- [ ] 問8　踏切の手前で警報機が鳴り始めたときは、急いで踏切を通過するようにする。
- [ ] 問9　遠心力は、カーブの半径が大きくなるほど大きく作用し、横滑りや転倒する危険が高まる。
- [ ] 問10　2図のような交差点で原動機付自転車が右折する場合、正しい方法はAである。
- [ ] 問11　原動機付自転車は、車両通行帯が2つの道路では、原則として左側の通行帯を通行しなければならない。
- [ ] 問12　火災報知機から1メートル以内には駐車をしてはならないが、停車をすることはできる。
- [ ] 問13　疲れているとき、心配事があるときなどは、車の運転を控えたほうがよい。

1図

2図

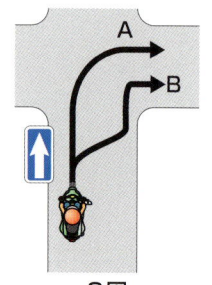

- [ ] 問14 道路に面した場所に出入りするため、歩道や路側帯を横切るときは、歩行者などの有無に関係なく、一時停止しなければならない。
- [ ] 問15 カーブを通行するときのブレーキ操作は、カーブに入ってから行うのが基本である。
- [ ] 問16 原動機付自転車が、3図の標識のある一方通行以外の道路で右折するときは、あらかじめ道路の中央に寄り、交差点の中心のすぐ内側を徐行しなければならない。
- [ ] 問17 交差点で右折するときは、交通整理が行われていなくても、直進車や左折車の進行を妨げてはならない。
- [ ] 問18 工事用安全帽であっても、二輪車に乗るときは乗車用ヘルメットとして認められている。
- [ ] 問19 原動機付自転車を運転中、こう配の急な下り坂で、前方の小型特殊自動車を追い越した。
- [ ] 問20 交通が渋滞していて横断歩道の上で停止するおそれがあったが、歩行者が通行していなかったので、そのまま進行した。
- [ ] 問21 4図の標識から3メートルの場所に車を止め、すぐ運転できる状態で5分かかって荷物をおろした。
- [ ] 問22 原動機付自転車に荷物を積むとき、後方は荷台から0.3メートルまではみ出せるが、幅は荷台を超えてはならない。
- [ ] 問23 バス専用通行帯であっても、原動機付自転車、小型特殊自動車、軽車両は通行することができる。
- [ ] 問24 二輪車の左腕を斜め下に伸ばす合図は、徐行または停止しようとすることを表す。
- [ ] 問25 原動機付自転車の法定最高速度は30キロメートル毎時だが、リヤカーをけん引しているときの最高速度は25キロメートル毎時である。
- [ ] 問26 5図の標識は、前方に横風が強いところがあるので、徐行しなければならないことを表している。
- [ ] 問27 交差点とその手前30メートル以内の場所は追い越しが禁止されているが、優先道路を通行している場合は禁止されていない。
- [ ] 問28 交差点の中まで中央線や車両通行帯の境界線が引かれている道路は、優先道路の標識がなくても優先道路である。
- [ ] 問29 長い下り坂で前後輪ブレーキを使いすぎると、ブレーキライニングが焼けて、ブレーキが効かなくなることがある。

3図

4図

5図

- [ ] 問30 警察官が6図のような手信号をしているとき、警察官の身体の正面に平行する交通は、赤色の灯火信号と同じ意味である。
- [ ] 問31 対向車と正面衝突のおそれが生じたときは、衝突の寸前まであきらめないで、ブレーキとハンドルでかわすようにする。
- [ ] 問32 眼鏡等使用の条件つきで免許を交付された人が車を運転するときは、メガネを持っていれば必ずしもかける必要はない。
- [ ] 問33 トンネル内は、道幅や車両通行帯の有無にかかわらず、駐車や停車をしてはならない。
- [ ] 問34 タイヤがすり減ると、路面との摩擦が大きくなるので、ブレーキをかけたときの制動距離は短くなる。
- [ ] 問35 対向車の多い市街地の道路では、前照灯を下向きにしたまま通行するべきである。
- [ ] 問36 7図の標識は、転回禁止の区間がここで終わることを表している。
- [ ] 問37 こう配の急な坂は、上りも下りも追い越しが禁止されている。
- [ ] 問38 原動機付自転車のブレーキには、前輪ブレーキ、後輪ブレーキ、エンジンブレーキの3種類がある。
- [ ] 問39 車両通行帯が黄色の線で区画されている道路でも、緊急自動車に進路を譲る場合は、黄色の線を越えて進路変更してもよい。
- [ ] 問40 前方の信号が黄色の点滅を表示しているとき、車は停止位置で一時停止してから進行しなければならない。
- [ ] 問41 二輪車のチェーンは、少しのゆるみもないように、いっぱいに張っていなければならない。
- [ ] 問42 工事現場の鉄板の上や路面電車のレールは、雨に濡れると滑りやすいので、徐行して通行しなければならない。
- [ ] 問43 8図の標識のある道路は、車と路面電車の通行が禁止されているが、歩行者の通行は禁止されていない。
- [ ] 問44 交通整理の行われていない道幅が同じような交差点では、左右どちらから来ても、車より路面電車が優先する。
- [ ] 問45 道路の曲がり角付近は、見通しが悪い場合は徐行しなければならないが、見通しがよい場合は徐行しなくてもよい。
- [ ] 問46 坂の頂上付近は見通しが悪いので、駐車や停車が禁止されている。

6図

7図

8図

問47　10キロメートル毎時で進行しています。交差点を右折するときは、どのようなことに注意して運転しますか？

☐（1）対向する二輪車は、速度を上げて接近するかもしれないので、一時停止して、二輪車の動きを確かめてから右折する。

☐（2）対向する二輪車は、遠くに見えてまだ接近してこないと思うので、すばやく右折する。

☐（3）右側の横断歩道には、横断しようとする歩行者がいるかもしれないので、横断歩道をよく確かめる。

問48　30キロメートル毎時で進行しています。どのようなことに注意して運転しますか？

☐（1）見通しが悪くカーブの先が見えないので、前照灯を上向きに切り替えて対向車に自分の存在を知らせ、速度を落として進行する。

☐（2）対向車が中央線をはみ出してくるかもしれないので、警音器を鳴らして注意を促し、このままの速度で進行する。

☐（3）カーブを曲がりきれずにガードレールに接触するといけないので、センターラインに寄って進行する。

正解とポイントチェック

問 1	×	徐行ではなく、一時停止して安全を確認しなければなりません。
問 2	○	高齢者マークは70歳以上の人が運転しているので、幅寄せや割り込みをしてはいけません。
問 3	×	最高速度20キロを表し、自動車や原動機付自転車は20キロメートル毎時以下の速度で走行しなければなりません。
問 4	○	停止距離は、空走距離と制動距離を合わせた距離のことをいいます。
問 5	○	原動機付自転車でも、自賠責保険か責任共済に加入しなければなりません。
問 6	○	相手と話し合いがついても、警察官に事故報告をしなければなりません。
問 7	×	荷物を高く積むと、重心が高くなって転倒しやすく危険です。
問 8	×	警報機が鳴り始めたときは、踏切に入ってはいけません。
問 9	×	遠心力は、カーブの半径が小さくなるほど大きく作用します。
問10	×	一方通行の道路では、道路の右端に寄って右折しなければならないので、Bが正しい方法です。
問11	○	追い越しなどのとき以外は、左側の通行帯を通行します。
問12	○	火災報知機から1メートル以内は、駐車禁止場所です。
問13	○	設問のような場合は、運転を控えるようにします。
問14	○	歩行者がいてもいなくても、その直前で一時停止しなければなりません。
問15	×	カーブに入ってからのブレーキ操作は、転倒の危険があるのでたいへん危険です。
問16	○	3図の標識は、「原動機付自転車の右折方法(小回り)」を表すので、設問のような方法で右折します。
問17	○	右折する車は、直進車や左折車の進行を妨げてはいけません。
問18	×	工事用安全帽は乗車用ヘルメットではないので、運転してはいけません。
問19	×	こう配の急な下り坂は追い越し禁止の場所なので、小型特殊自動車でも追い越してはいけません。
問20	×	横断歩道の上で停止するおそれがあるときは、進行してはいけません。
問21	○	5分以内の荷物の積みおろしは停車になります。消防水利の標識から5メートル以内は駐車禁止なので止められます。
問22	×	荷物は、荷台から左右に0.15メートルまではみ出して積むことができます。
問23	○	原動機付自転車、小型特殊自動車、軽車両は、バス専用通行帯を通行できます。
問24	○	二輪車が徐行や停止をするときは、左腕を斜め下に伸ばす合図をします。
問25	○	原動機付自転車でリヤカーをけん引しているときの最高速度は、25キロメートル毎時です。
問26	×	横風が強いことを表す警戒標識ですが、徐行しなければならないわけではありません。
問27	○	優先道路を通行している場合は、設問の場所でも追い越しが禁止されていません。
問28	○	交差点の中まで中央線などが引かれている場合は、優先道路であることを表します。

問29 ○ 長い下り坂ではエンジンブレーキを主に使い、前後輪ブレーキは補助的に使用します。
問30 × 赤色の灯火信号ではなく、黄色の灯火信号と同じ意味を表します。
問31 ○ ブレーキとハンドルでかわすようにし、危険な場所でないときは道路外に出て衝突を回避します。
問32 × 条件つきで免許を交付された人は、必ずその条件を守らなければなりません。
問33 ○ トンネル内は暗くて危険なので、駐停車が禁止されています。
問34 × タイヤがすり減っていると路面との摩擦が小さくなるので、制動距離は長くなります。
問35 ○ 対向車の運転者がまぶしくないように、前照灯を下向きにしたまま通行します。
問36 × 転回禁止の区間が終わるのではなく、ここから始まることを表します。
問37 × 追い越しが禁止されているのは、こう配の急な下り坂です。
問38 ○ レバーを使う前輪ブレーキ、ペダルやレバーを使う後輪ブレーキ、スロットルの戻しなどによるエンジンブレーキの3種類があります。
問39 ○ 緊急自動車に進路を譲る場合は、黄色の線を越えてもかまいません。
問40 × 黄色の点滅では、安全を確認すれば一時停止する必要はありません。
問41 × 二輪車のチェーンには、適度なゆるみが必要です。
問42 × 注意して進行しなければなりませんが、徐行しなければならないわけではありません。
問43 × 通行止めの標識のある道路は、歩行者も通行できません。
問44 ○ 設問のような交差点では、車は路面電車の進行を妨げてはいけません。
問45 × 道路の曲がり角付近は、見通しに関係なく、徐行しなければなりません。
問46 ○ 坂の頂上付近は、駐停車禁止場所に指定されています。
問47
（1）○ 一時停止して、二輪車の動きを確かめてから右折します。
（2）× 二輪車は、すぐに接近するおそれがあります。
（3）○ 歩行者がいないか、横断歩道を確かめてから右折します。
問48
（1）○ 前照灯を切り替えて、対向車に自分の存在を知らせます。
（2）× 警音器を鳴らさずに、徐行を中心として進行します。
（3）× 対向車と衝突する危険があるので、左寄りを走行します。

原付免許模擬テスト5回目
1問1答48題

●制限時間30分　●45点以上合格　●問1～46：1問1点　問47・48：1問2点（3つとも正解の場合）

次の問題の○×を判断し、解答用紙（127ページ）をマークしなさい。

- [ ] 問1　こう配の急な坂であっても、危険を避けるためやむを得ない場合は、停止することができる。
- [ ] 問2　最高速度を超えなければ、どのような速度で走行してもかまわない。
- [ ] 問3　原動機付自転車は、1図の標識のある場所には、駐車することができない。
- [ ] 問4　停留所で停車中の路線バスが発進の合図をしたが、急ブレーキで避けなければならない状況だったので、路線バスより先に進んだ。
- [ ] 問5　自転車横断帯の手前に自転車がいたが、横断するかわからなかったので、とくに速度を落とさずに通過した。
- [ ] 問6　二輪車に乗るときは、身体の露出が少なく、ほかの運転者の目につきやすい服装をするように心がける。
- [ ] 問7　前車が右折するため右に進路を変えようとしている場合は、その車を追い越してはならない。
- [ ] 問8　身障者用の車いすで通している人に対しては、一時停止か徐行をして、安全に通行できるようにしなければならない。
- [ ] 問9　赤信号で停止中、前方の信号が青色の灯火に変わっても前車が発進しないので、警音器を鳴らして注意を促した。
- [ ] 問10　2図の標識は、前方の道路で車線数が減少することを表しているので、十分注意しなければならない。
- [ ] 問11　原動機付自転車は、原付免許だけでなく、普通免許や普通・大型二輪免許でも運転することができる。
- [ ] 問12　エンジンブレーキは、ギアがニュートラルの状態、またはクラッチを切った状態のときは効かなくなる。
- [ ] 問13　ハンドルを切りながら前輪ブレーキを強くかけると、転倒の原因になるので避けるべきである。

1図

2図

- [ ] 問14 3図の標示は、前方に優先道路があることを表している。
- [ ] 問15 右折するとき、交差点に先に入っている場合は、反対方向から直進する車が来ても、先に右折することができる。
- [ ] 問16 警笛鳴らせの標識がある場所であっても、交通量が少ない場合は、警音器を鳴らさずに通行してもよい。
- [ ] 問17 薬には眠気を催す成分が含まれているものがあるので、そのような薬を服用したときは、車の運転を控えるべきである。
- [ ] 問18 運転者が疲れているときは、危険を認識してブレーキをかけるまでに時間がかかるので、空走距離は長くなる。
- [ ] 問19 4図の標識では、道路の右側部分にはみ出して追い越しをすることが禁止されている。
- [ ] 問20 踏切では、エンストを防ぐため、高速ギアで一気に通過するのがよい。
- [ ] 問21 原動機付自転車は、同一方向に3つの車両通行帯のある道路では、最も左側の通行帯を通行する。
- [ ] 問22 車間距離は、道路の状況、車の重量、天候などに関係なく、つねに一定に保たなければならない。
- [ ] 問23 原動機付自転車は、5図の標識のある道路を通行することできる。
- [ ] 問24 青色の灯火信号で直進するとき、見通しの悪い交差点の場合は、必ず徐行しなければならない。
- [ ] 問25 買い物をするため、右側の道路上に3メートルの余地しか残せない場所に車を止め、ただちに運転できない状態で5分間車から離れた。
- [ ] 問26 交差点で警察官が灯火を振っているとき、警察官の身体の正面に平行するすべての車は、直進、左折、右折することができる。
- [ ] 問27 片側が転落のおそれのあるがけになっている狭い道路で、対向車と行き違うときは、がけ側の車が安全な場所に停止して道を譲るようにする。
- [ ] 問28 6図の標示のある部分と、その手前30メートル以内は、追い越し・追い抜きともに禁止されている。
- [ ] 問29 強風の日は、横風でハンドルをとられることがあるので、速度を落として走行したほうが安全である。
- [ ] 問30 路線バスが発進のため方向指示器で合図をしたとき、後方の車は原則として、その発進を妨げてはならない。
- [ ] 問31 原動機付自転車は、歩行者用道路をとくに許可を受けずに通行することができる。

3図

4図

5図

6図

- ☐ 問32 夜間、対向車の前照灯がまぶしかったので、速度を落として視点をやや左前方に移し、目がくらまないようにした。
- ☐ 問33 原動機付自転車は乗車定員が1名なので、どんな場合でも二人乗りしてはならない。
- ☐ 問34 原動機付自転車でカーブを回るときは、車体をカーブの内側に傾ける要領で行う。
- ☐ 問35 車両通行帯のある道路で、進行方向別に7図の標示があるとき、A車は前方の交差点で直進または左折しかできない。
- ☐ 問36 右折や転回するときは、その行為をしようとする約3秒前に合図をしなければならない。
- ☐ 問37 車両横断禁止の標識があっても、道路の右側に車庫や駐車場がある場合は、右側に横断することができる。
- ☐ 問38 長時間運転するときは、タイヤの空気圧を規定より低めにしたほうがよい。
- ☐ 問39 道路の曲がり角付近では、自動車や原動機付自転車を追い越してはならないが、自転車であれば追い越してもよい。
- ☐ 問40 幼児がひとりで道路を横断していたので、その手前で一時停止して、安全に横断させた。
- ☐ 問41 信号機のない道幅が同じような交差点に入ろうとしたとき、右方の道路から進行してくる車があったが、注意して先に進行した。
- ☐ 問42 警察官が8図のような灯火による信号をしているとき、身体の正面に平行する交通は黄色の灯火信号、対面する交通は赤色の灯火信号と同じ意味である。
- ☐ 問43 道路工事区域の端から5メートル以内の場所は、駐車は禁止されているが、停車は禁止されていない。
- ☐ 問44 原動機付自転車の法定最高速度は30キロメートル毎時なので、つねに最高速度で走行したほうが安全である。
- ☐ 問45 自賠責保険や責任共済に加入すれば、その証明書を車に備えつけておく必要なない。
- ☐ 問46 路面電車を追い越すときは、車を追い越すときと同様に、右側を通行するのが原則である。

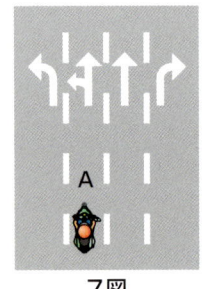

7図

8図

問47 30キロメートル毎時で進行しています。どのようなことに注意して運転しますか？

- (1) 急いで進行すれば、対向車が接近する前に歩行者の側方を通過できると思うので、加速して進行する。
- (2) 対向車と行き違ってから歩行者の側方を通過するほうが安全なので、左に寄って一時停止する。
- (3) 子どもが自分の車の前に飛び出してくるかもしれないので、警音器を鳴らして、そのままの速度で進行する。

問48 30キロメートル毎時で進行しています。坂の頂上付近を通過するときは、どのようなことに注意して運転しますか？

- (1) 対向車や後続車も見えず、とくに危険はないので、このままの速度で坂の頂上を通過する。
- (2) 坂の頂上から先が見えず、道路の状況が確認できないので、いつでも止まれる速度に落として坂の頂上を通過する。
- (3) 速度を落とすと坂道を上る勢いがなくなるので、速度を上げて坂の頂上を一気に通過する。

正解とポイントチェック

問 1 ○ 危険を避けるためやむを得ない場合は、駐停車禁止場所でも停止できます。

問 2 × 天候や道路の状況などに応じた安全な速度で通行しなければなりません。

問 3 × 1図の標識は、大型貨物自動車の駐車を禁止しています。

問 4 ○ 急ブレーキで避けなければならない場合は、先に進めます。

問 5 × 設問のようなときは、自転車横断帯の手前で停止できるような速度で進行しなければなりません。

問 6 ○ 二輪車はほかの運転者から見落とされやすいので、目につきやすい服装で運転します。

問 7 ○ 設問のような場合は、危険なので追い越しが禁止されています。

問 8 ○ 一時停止か徐行をして、安全に通行できるように保護します。

問 9 × 注意を促すために警音器を使用してはいけません。

問 10 ○ 2図の標識は、前方の道路で車線数が減少することを表しています。

問 11 ○ 原動機付自転車は、普通免許や普通・大型二輪免許でも運転できます。

問 12 ○ エンジンブレーキは、ギアをニュートラル以外に入れないと効きません。

問 13 ○ ハンドルを切りながらブレーキを強くかけると、転倒の原因になります。

問 14 × 優先道路ではなく、横断歩道や自転車横断帯があることを表しています。

問 15 × 右折車が先に交差点に入っていても、直進車や左折車の進行を妨げてはいけません。

問 16 × 警笛鳴らせの標識がある場所では、警音器を鳴らさなければなりません。

問 17 ○ 眠気を催す成分を含んだ薬を服用したときは、車の運転を控えます。

問 18 ○ 運転者が疲れているときは、空走距離が長くなります。

問 19 ○ 「追越し禁止」の補助標識がつくと、すべての追い越しが禁止になります。

問 20 × 高速ギアではなく、発進したときの低速ギアのまま一気に通過します。

問 21 ○ 原動機付自転車は、原則として最も左側の通行帯を通行します。

問 22 × 悪天候などのときは、車間距離を広めにとって運転しなければなりません。

問 23 × 原動機付自転車は、車両通行止めの標識のある道路を通行できません。

問 24 × 信号機の信号に従って直進するときは、徐行の必要はありません。

問 25 × 駐車したとき、車の右側の道路上に3.5メートル以上の余地を残せない場所では、原則として駐車してはいけません。

問 26 × 軽車両や二段階右折しなければならない原動機付自転車は、右折できません。

問 27 ○ 転落の危険のあるがけ側の車が安全な場所に停止して、道を譲ります。

問 28 ○ 自転車横断帯とその手前30メートル以内の場所は、追い越し・追い抜き禁止です。

問 29 ○ 強風の日は、速度を落として走行したほうが安全です。

問30	○	急ブレーキなどで避けなければならないときを除いて、路線バスの発進を妨げてはいけません。
問31	×	原動機付自転車でも、許可を受けなければ歩行者用道路を通行できません。
問32	○	対向車の前照灯がまぶしいときは、速度を落として視点をやや左前方に移します。
問33	○	原動機付自転車は、どんな場合でも二人乗りしてはいけません。
問34	○	ハンドルを切るのではなく、車体を内側に傾けるようにカーブを回ります。
問35	○	A車の通行帯は、直進と左折しかできないことを表します。
問36	×	右折や転回の合図は、その行為をする30メートル手前の地点で行います。
問37	×	車両横断禁止の標識がある場所は、右折を伴う右側への横断が禁止されています。
問38	×	タイヤの空気圧は、高すぎても低すぎてもいけません。
問39	○	追い越し禁止場所でも、軽車両を追い越すことは禁止されていません。
問40	○	幼児がひとり歩きしているときは、一時停止か徐行をしなければなりません。
問41	○	設問のような交差点では、左方の車が先に通行できます。
問42	○	身体の正面に平行の交通は黄色の灯火信号、対面する交通は赤色の灯火信号と同じ意味です。
問43	○	設問の場所は、駐車が禁止されています。
問44	×	つねに最高速度ではなく、安全な速度で走行しなければなりません。
問45	×	車を運転するときは、強制保険の証明書を備えつけなければなりません。
問46	×	路面電車を追い越すときは、左側を通行するのが原則です。
問47		
（1）	×	加速して進行すると、対向車と歩行者に接触するおそれがあります。
（2）	○	左に寄って一時停止したほうが安全です。
（3）	×	警音器を鳴らさずに、速度を落として進行します。
問48		
（1）	×	坂の頂上付近では、徐行しなければなりません。
（2）	○	坂の頂上付近は見通しが悪いので、いつでも止まれる速度で進行します。
（3）	×	坂の頂上付近では、速度を上げて通行してはいけません。

原付免許模擬テスト6回目
1問1答48題

●制限時間30分　●45点以上合格　●問1〜46：1問1点　問47・48：1問2点（3つとも正解の場合）

次の問題の○×を判断し、解答用紙（127ページ）をマークしなさい。

- [ ] 問1　横断歩道や自転車横断帯と、その手前30メートル以内の場所は、追い越し・追い抜きともに禁止されている。
- [ ] 問2　幅が1メートルの白線1本の路側帯のある道路で駐停車するときは、路側帯に入り、車の左側に0.75メートル以上の余地を残さなければならない。
- [ ] 問3　1図の標識は、前方の信号が赤や黄色でも左折することができることを表している。
- [ ] 問4　車両通行帯のある道路で前車を追い越すときは、原則としてその右側を通行しなければならない。
- [ ] 問5　酒を飲んだときは自動車を運転してはならないが、原動機付自転車であれば運転してもかまわない。
- [ ] 問6　こう配の急な下り坂でブレーキが効かなくなったときは、ギアをニュートラルに入れることが大切である。
- [ ] 問7　停止している四輪車のそばを通るときは、急にドアが開くことがあるので、後方で一時停止しなければならない。
- [ ] 問8　車が故障したときはやむを得ないので、駐車禁止場所に継続的に車を止めてもかまわない。
- [ ] 問9　車が2図の標示の中に入ることは、絶対に禁止されている。
- [ ] 問10　ぬかるみやじゃり道を通行するときは、速度を落として一定の速度で運転するのがよい。
- [ ] 問11　ブレーキが効き始めてから停止するまでの距離を制動距離といい、制動距離は速度の二乗に比例して大きくなる。
- [ ] 問12　ガソリンスタンドに入るため歩道を横切るときは、その手前で一時停止して、安全を確認しなければならない。
- [ ] 問13　故障や交通事故で困っている人を見かけたら、連絡や救護など、積極的に協力することが大切である。

1図

2図

- ☐ 問14 交差点の手前を走行中、前方から緊急自動車が接近してきたので、道路の左側に寄り、交差点の手前で停止した。
- ☐ 問15 交差点で右折するときは、対向する大型自動車の直後を走行する車や、左側を通行する二輪車に十分注意しなければならない。
- ☐ 問16 3図の標識のある交差点では、前方の交差する道路が優先道路であることを表している。
- ☐ 問17 夕日などによって方向指示器が見えにくいときは、方向指示器とあわせて、手による合図も行うようにする。
- ☐ 問18 黄色の灯火の点滅信号に対面したときは、一時停止して安全を確認してから進まなければならない。
- ☐ 問19 急ブレーキは、危険を避けるための非常手段として使うもので、やむを得ない場合以外は使用してはならない。
- ☐ 問20 横断歩道に近づいたとき、歩行者が手を上げて横断しようとしていたので、横断歩道の直前で停止した。
- ☐ 問21 4図の標示のある道路では、矢印に従って道路の右側部分にはみ出して進行しなければならない。
- ☐ 問22 転回するときの合図の時期と方法は、右折するときと同じである。
- ☐ 問23 原動機付自転車が、車両通行帯のないトンネルで軽車両を追い越す行為は、禁止されている。
- ☐ 問24 原動機付自転車は、前輪ブレーキが効かなくても後輪ブレーキが効けば、運転してもかまわない。
- ☐ 問25 歩道や路側帯のない道路に駐停車するときは、車の左側に余地を残さず、道路の左端に沿って停止する。
- ☐ 問26 原動機付自転車は、ほかの自動車から見落とされやすいので、できるだけ人の目につきやすい色のウェアを着用したほうがよい。
- ☐ 問27 5図の標識のある道路は滑りやすいので、その手前で速度を落として、ブレーキをかけないですむように進むのがよい。
- ☐ 問28 二輪車でカーブを通行するときは、車体を傾けるのではなく、ハンドル操作によって回るようにするのが基本である。
- ☐ 問29 橋の上は風が強いことが多いので、ハンドルをしっかり握り、徐行しなければならない。
- ☐ 問30 交差点に入ると同時に、前方の信号が青色から黄色に変わったときは、ただちに交差点内に停止しなければならない。

3図

4図

5図

- [ ] 問31 遠心力は半径が小さくなるほど大きくなり、また速度の二乗に比例して大きくなる。
- [ ] 問32 路線バス等優先通行帯を通行中の原動機付自転車は、路線バスが後方から近づいてきても、他の通行帯に出る必要はない。
- [ ] 問33 信号機のない6図の交差点に入ろうとするA車とB車がある場合、A車はB車の進行を妨げてはならない。
- [ ] 問34 運転者が車から離れていて、すぐに運転できない状態での停止は停車になる。
- [ ] 問35 路線バス等優先通行帯は、路線バスなどのほかに、原動機付自転車、小型特殊自動車、軽車両以外の車は通行することができない。
- [ ] 問36 自動車を長時間運転するときは、2時間に1回ほど休息をとったほうがよいが、原動機付自転車はその必要はない。
- [ ] 問37 後ろの車が追い越しをしようとして近づいてきたときでも、制限速度の範囲内であれば加速してもよい。
- [ ] 問38 原動機付自転車のエンジンを止めて押し歩く場合は、歩道を通行することができるが、路側帯は通行してはならない。
- [ ] 問39 自動二輪車は7図の標識のある道路を通行することができないが、原動機付自転車は通行することができる。
- [ ] 問40 警笛区間内の見通しの悪い交差点では警音器を鳴らさなければならないが、見通しがよければ警音器を鳴らす必要はない。
- [ ] 問41 エンジンブレーキは、低速ギアになるほど制動効果が高まる。
- [ ] 問42 踏切の警報機が鳴り始めても、列車はすぐに来ないので、左右を確認して急いで踏切を通過する。
- [ ] 問43 同一方向に進行しながら左方に進路を変える場合は、進路を変えようとする約3秒前に合図を行う。
- [ ] 問44 8図は高速道路であることを表し、原動機付自転車は通行することができない。
- [ ] 問45 交差点で左折や右折をするときは、必ず徐行しなければならない。
- [ ] 問46 盲導犬を連れた目の不自由な人に近づいたが、立ち止まりそうになったので、速度を下げずにそのそばを通過した。

6図

7図

8図

問47 30キロメートル毎時で進行しています。どのようなことに注意して運転しますか？

- (1) 前方に障害物があるので、速度を上げて、対向車が来るより先に障害物の横を通過する。
- (2) 対向車がいて、無理に進行すると正面衝突するおそれがあるので、一時停止して対向車に道を譲る。
- (3) 対向車は、自分の車が障害物を避け終わるのを待ってくれると思うので、速度を上げて通過する。

問48 交差点を左折するため10キロメートル毎時で進行しています。どのようなことに注意して運転しますか？

- (1) 周囲が暗く、歩行者は横断するかわからないので、横断する前に急いで左折する。
- (2) 夜間は視界が悪く、歩行者を見落とすことがあるので、左側の横断歩道全体をよく確かめて左折する。
- (3) 周囲には横断する歩行者しかいないので、左前方の歩行者だけに注意して左折する。

正解とポイントチェック

問1	○	設問の場所は、追い越しも追い抜きも禁止されています。
問2	○	白線1本の幅の広い路側帯では、設問のように駐停車します。
問3	×	設問の標識は「左折可」ではなく、一方通行の標識です。
問4	○	前車が右折するため道路の中央（一方通行の道路では右端）に寄って通行しているとき以外は、右側を通行します。
問5	×	酒を飲んだときは、原動機付自転車も運転してはいけません。
問6	×	ギアをニュートラルに入れるとエンジンブレーキを活用できないので、低速ギアに入れます。
問7	×	ドアの開閉には注意が必要ですが、一時停止しなければならないわけではありません。
問8	×	故障でも継続的に車を止めれば駐車になるので、止めてはいけません。
問9	○	立入り禁止部分の標示内には、入ってはいけません。
問10	○	ぬかるみやじゃり道は、速度を落として、一定の速度で通行します。
問11	○	制動距離は、速度の二乗に比例して大きくなります。
問12	○	歩行者の有無に関係なく、その直前で一時停止しなければなりません。
問13	○	困っている人がいたら、積極的に協力する心がけが大切です。
問14	○	交差点には入らずに、左側に寄って一時停止して進路を譲ります。
問15	○	交差点は危険な場所なので、十分注意して通行しなければなりません。
問16	×	前方の交差する道路ではなく、自分の走行している道路が優先道路であることを表します。
問17	○	方向指示器が見えにくいようなときは、手による合図もあわせて行います。
問18	×	必ずしも一時停止の義務はなく、安全を確認して進行できます。
問19	○	急ブレーキはたいへん危険なので、やむを得ない場合以外は使用してはいけません。
問20	○	横断歩道を渡ろうとしている人がいるときは、その直前で停止して道を譲ります。
問21	×	4図は「右側通行」の標示ですが、右側にはみ出さなければならないわけではありません。
問22	○	ともにその行為をする30メートル手前の地点で、右側の方向指示器などで合図をします。
問23	×	追い越し禁止の場所でも、軽車両は追い越すことができます。
問24	×	前輪ブレーキが効かない車は整備不良車になり、運転してはいけません。
問25	○	歩道や路側帯のない道路では、道路の左端に沿って駐停車します。
問26	○	ほかの運転者の目につきやすい色のウェアを着用したほうが安全です。
問27	○	5図の標識は、道路が滑りやすいことを表す警戒標識です。
問28	×	ハンドル操作ではなく、車体を傾けるようにカーブを通行します。
問29	×	橋の上は、徐行しなければならない場所ではありません。

問30	×	停止位置で安全に停止できないときは、そのまま進めます。
問31	○	遠心力は、速度が2倍になると4倍に大きくなります。
問32	○	原動機付自転車は、路線バス等が近づいてきても、その通行帯から出る必要はありません。
問33	○	B車は優先道路を通行しているので、A車はB車の進行を妨げてはいけません。
問34	×	すぐに運転できない状態での停止は、停車ではなく駐車になります。
問35	×	路線バス等優先通行帯は、設問の車以外の車も通行できます。
問36	×	長時間運転するときは、原動機付自転車でも2時間に1回ほど休息をとります。
問37	×	制限速度の範囲内でも、加速してはいけません。
問38	×	設問のような場合は歩行者扱いになるので、歩行者が通行できる路側帯を通行できます。
問39	×	7図の標識は、自動二輪車と原動機付自転車の通行禁止を表しています。
問40	○	見通しのよい交差点では、警音器を鳴らす必要はありません。
問41	○	エンジンブレーキは、低速ギアになるほどよく効きます。
問42	×	警報機が鳴り始めたときは、踏切に入ってはいけません。
問43	○	進路変更の合図は、左方も右方も進路を変えようとする約3秒前に行います。
問44	○	8図は、高速自動車国道または自動車専用道路であることを表し、原動機付自転車は通行できません。
問45	○	自動車や原動機付自転車が右左折するときは、徐行しなければなりません。
問46	×	盲導犬を連れた目の不自由な人のそばを通るときは、一時停止か徐行をしなければなりません。

問47
(1) × 対向車があるので、先に障害物を避けてはいけません。
(2) ○ 一時停止して、対向車に道を譲ります。
(3) × 待ってくれるとは限らないので、速度を上げてはいけません。

問48
(1) × 歩行者が横断するかもしれないので、速度を落とします。
(2) ○ 左側の横断歩道全体をよく確かめてから左折します。
(3) × 左前方の歩行者以外にも、注意しなければなりません。

原付免許受験ガイド

受験できない人

1. 年齢が16歳未満の人。
2. 免許を拒否された日から起算して、指定された期間を経過していない人。
3. 免許を保留されている人。
4. 免許を取り消された日から起算して、指定された期間を経過していない人。
5. 免許の効力が停止、または仮停止されている人。

受験に必要なもの

1. 住民票の写し（本籍地記載のもの）、または免許証
2. 証明写真（縦30ミリ×横24ミリ）
3. 運転免許申請書（用紙は試験場の受付にある）
4. 受験料（手数料、免許証交付料、原付講習料）

※はじめて免許を取る人は、健康保険証など、本人確認書類が必要。
※一定の病気に該当するか調べるため、試験場にある症状などの「質問票」に答えて提出。

適性試験の内容と合格基準

1 視力検査
両眼で0.5以上あれば合格です。片方の目が見えない人でも、見えるほうの視力が0.5以上で、視野が150度以上あれば合格。メガネやコンタクトレンズの使用も認められています。

2 色彩識別能力検査
信号機の色である「赤・青・黄」を見分けることができれば合格です。

3 運動能力検査
手足、腰、指などの簡単な屈伸運動をして、原動機付自転車の運転に支障をおよぼすおそれがなければ合格です。身体に障害がある人は、義手や義足の使用も認められています。

＊身体や聴覚に障害がある人は、あらかじめ運転適性相談を受けてください。

学科試験の内容と合格基準

1 学科試験の内容
原付免許の学科試験は、国家公安委員会が作成した「交通の方法に関する教則」から出題されます。解答は、すべてマークシート用紙の「正誤」欄の一方を鉛筆で塗りつぶす方法で行われます。

2 学科試験の合格基準
制限時間30分で文章問題（1問1点）46題、イラスト問題（1問2点）2題を解答し、90％以上の正解率（45点以上）であれば合格です。

原付講習について

原付免許の試験には、原付講習の受講（3時間）が義務づけられています。原付講習では、原動機付自転車の操作方法や正しい乗り方などについて、指導員が詳しく教えてくれます。原付講習は、試験当日に行う場合や事前に行う場合など、都道府県によって異なりますので、確認しておきましょう。

解答用紙 ※コピーしてお使いください

第　　回

問	1	2	3	4	5	6	7	8	9	10	11	12	13	14	15	16	17	18	19	20	21	22	23	24	25	26
○																										
×																										

問	27	28	29	30	31	32	33	34	35	36	37	38	39	40	41	42	43	44	45	46	47(1)	(2)	(3)	48(1)	(2)	(3)
○																										
×																										

第　　回

問	1	2	3	4	5	6	7	8	9	10	11	12	13	14	15	16	17	18	19	20	21	22	23	24	25	26
○																										
×																										

問	27	28	29	30	31	32	33	34	35	36	37	38	39	40	41	42	43	44	45	46	47(1)	(2)	(3)	48(1)	(2)	(3)
○																										
×																										

第　　回

問	1	2	3	4	5	6	7	8	9	10	11	12	13	14	15	16	17	18	19	20	21	22	23	24	25	26
○																										
×																										

問	27	28	29	30	31	32	33	34	35	36	37	38	39	40	41	42	43	44	45	46	47(1)	(2)	(3)	48(1)	(2)	(3)
○																										
×																										

- 本文ＡＤ　　志岐デザイン事務所（熱田肇 川内連）
- イラスト　　まつながあき
　　　　　　　酒井由香里
　　　　　　　風間康志
- 編集協力・DTP　㈱文研ユニオン（間瀬　大澤）

本書を無断で複写（コピー・スキャン・デジタル化等）することは、著作権法上認められている場合を除き、禁じられています。小社は、複写に係わる権利の管理につき委託を受けていますので、複写される場合は、必ず小社宛にご連絡ください。

いちばんわかる　原付免許1回でゲット！

2016年1月21日　発行

編　者　自動車教習研究会
発行者　佐藤龍夫
発行所　株式会社　大泉書店
　　　　住所・〒162-0805　東京都新宿区矢来町27
　　　　電話・(03) 3260 - 4001 (代) ／ FAX・(03) 3260 - 4074
　　　　振替・00140 - 7 - 1742

印刷・ラン印刷社／製本・明光社

©2007 Oizumi Shoten Printed in Japan

落丁・乱丁本は小社にてお取り替えします。
本書の内容についてのご質問は、ハガキまたはFAXでお願いします。
URL　http://www.oizumishoten.co.jp
ISBN 978-4-278-06180-2　C2065　　A17